AF558498

Auf der Nachsuche

FRANK RAKOW (HRSG.)

FRANK RAKOW (HRSG.)

Auf der Nach—suche

Deutschlands bekannteste Hundeführer erzählen

KOSMOS

Inhalt

Mehr entdecken, mehr verstehen
DAS
KOSMOS
VERSPRECHEN
Expertenwissen seit 1822

Helden der Wildbahn (Vorwort)

Jeder Schuss auf ein Wildtier enthält Risiken. Manche wären vermeidbar gewesen, manche auch nicht, denn nicht immer wirkt das Geschoss wie gewünscht. Wenn das Stück nicht am Platz oder in der näheren Umgebung liegt, kommt die Stunde der Retter, der Schweißhundführer. Davon gibt es in Deutschland einige. Sie stehen fast jederzeit Hund und Gewehr bei Fuß, um diesen Unglücksfällen nachzugehen. Und sei es auch nur, um dem Schützen sicher zu bestätigen, dass es sich um den zweitbesten Schuss handelt: den reinen Fehlschuss. Das kränkt, beruhigt aber. Der gut eingearbeitete Hunde-Spezialist zeigt auch dann eine Verwundung an, wenn für das menschliche Auge keine Pirschzeichen zu finden sind. Und dann geht die Reise los. Weder Hund noch Führer wissen, wie lang sie sein wird, ob das Stück bereits verendet ist oder noch lebt und ob am Ende der Tour Wildart und Gewicht mit den Angaben des Schützen übereinstimmen: Frischling oder Keiler, das kann zum Schluss einen gewaltigen Unterschied machen. Es gehört viel Engagement und Zeit dazu, sich dieses jagdlichen Notdienstes zu widmen. Er bedeutet ein echtes Abenteuer mit ungewissem Ausgang im häufig unbekannten Gelände und ist auch wahrlich nicht ganz ungefährlich – für Mensch und Hund. Vor allem Schwarzwild, das häufigste Nachsuchenwild, greift, in die Enge getrieben, häufig an, und da bleiben Verletzungen nicht aus bis hin zu tödlichen Folgen. Um die „Helden der Wildbahn“ zu ehren, haben wir Schweißhundführer aus ganz Deutschland gebeten, ihre eindrucksvollsten Erlebnisse aufzuschreiben. Dabei sind regelrechte „Revierkrimis“ herausgekommen, die die Faszination, aber auch die Anstrengungen und Gefahren dieser Arbeit eindrucksvoll dokumentieren. Nicht immer haben die Geschichten ein gutes Ende. Aber stets ist ablesbar, welchen körperlichen Einsatz und welche Ausdauer Schweißhundführer mit ihren Hunden an den Tag legen. Damit leisten sie einen herausragenden Beitrag in Sachen Weidgerechtigkeit. Von Tierschutz und gerettetem Wildbret ganz zu schweigen. Die Jägerschaft kann froh sein, solche Könner und Idealisten in ihren Reihen zu wissen. Die folgenden 18 Geschichten sind nicht nur höchst dramatisch und spannend, auch der Normaljäger kann daraus lernen und manches Leid und die daraus entstehenden Folgen durch besonnenes Jagen vermeiden. Arbeitslos werden diese Gespanne trotzdem mit Sicherheit nicht.

Frank Rakow
(Herausgeber)

Allein auf weiter Flur

Stefan Mayer

Da stehe ich nun inmitten einer schier undurchdringlichen Tannenverjüngung. Die Sichtweite ist kaum mehr als 20 Zentimeter, so dass ich nur bis zu meiner Hüfte nach unten sehen kann. Meine Nachsuchenbüchse ist weg, und Prügel habe ich auch schon eingesteckt. Mein Schweißhund und sein kampferprobter Beihund sind beide schon geschlagen und haben nicht mehr lange Kraft, den Bail zu halten. In dieser Not versuche ich, irgendeinen Hundeführer in der Nähe zu erreichen, der mit seinen Hunden mich und meine Vierbeiner unterstützen kann, um die knifflige Situation zu lösen. Leider Fehlanzeige, keiner der angerufenen Hundeführer ist verfügbar. So muss ich allein versuchen, möglichst schnell, meinen beiden tapferen Kämpfern beizustehen. Zu diesem Zeitpunkt sind wir schon über drei Stunden im Einsatz und trotz meiner über 15 Jahre Erfahrung im Nachsucheneinsatz mit jährlich 150 Einsätzen, habe ich eine so vertrackte Lage noch nicht erlebt.

An diesem Tag klingelt am Vormittag gegen 10 Uhr mein Handy mit einer mir unbekannten Nummer. Der Anrufer ist Timo, ein Jungjäger, der meine Dienste als Nachsuchenführer anfragt. Am Abend vorher hatte er im strömenden Regen ein einzelnes Wildschwein beschossen. Im Revier, in dem er den Begehungsschein hat, war das Schwarzwild in den vergangenen Tagen auf den Wiesen sehr aktiv. Um die Wiesenschäden nicht ins Unermessliche laufen zu lassen, verordnete der Jagdpächter seinen Jägern, trotz des unangenehmen Wetters, ein paar Nachtschichten. Timo hatte vor wenigen Wochen seinen ersten Jagdschein gelöst. Der Schuss am Vorabend war daher sein erster auf Schwarzwild. Im Folgenden schildert mir der merklich unsichere Jungjäger die Geschehnisse: Der tapfere junge Mann harrte schon über eine Stunde im Regen an einem Gehölzstreifen aus, als er ein einzelnes Stück Schwarzwild, er spricht es als Überläufer an, in Richtung der Schadfläche anwechseln sah. Als das Stück auf Schussdistanz war und breit stand, ließ er die Kugel fliegen. Nach dem Schuss sah er zunächst nichts mehr und begab sich, wegen des starken Regens, umgehend an den etwa 70 Meter entfernten Anschuss, um vielleicht noch Pirschzeichen zu entdecken. Er fand relativ schnell einen hell schimmernden Knochensplitter, die erhoffte Beute, in Form eines Wildschweins, lag allerdings nirgends auf der Wiese. Auch seine Wärmebildkamera brachte keine weiteren Erkenntnisse. Verständlicherweise war Timo mit dieser für einen Jungjäger völlig neuen Situation komplett überfordert. Daher rief er seinen Jagdherrn an und informierte ihn über das Geschehen. Der erfahrene Weidmann beruhigte den aufgeregten Jungjäger und verabredete sich auf den frühen Morgen, um bei Tageslicht das Wildschwein im nächstgelegenen Wald zu suchen.

Gesagt, getan. Am nächsten Morgen treffen sich Jagdherr und Jungjäger am Tatort, finden aber weder Schweiß noch irgendwelche anderen Pirschzeichen. Der Regen hatte alles weggewaschen. Daraufhin machen die beiden eine, wie zu erwarten, erfolglose Streife durch den Wald. Nun endlich rufen sie bei einem Schweißhundeführer aus der Nähe an und bitten ihn um Unterstützung. Dieser erscheint nach etwa einer Stunde am Treffpunkt und wird daraufhin in die Situation und am Anschuss eingewiesen. Der Vorstehhund wird am Anschuss angesetzt und stürmt mit dem Hundeführer im Schlepptau über die Wiese in Richtung Wald. Jagdpächter und Jungjäger versuchen zu folgen, verlieren das Gespann aber aus den Augen, als es in den Wald geht. Daher beschließen die beiden an den Fahrzeugen, die in der Nähe des Anschusses stehen, zu warten. Es könnte ja durchaus sein, dass der Hundeführer das Stück gefunden hat und dann Unterstützung beim Bergen benötigt. Der Hundeführer erscheint mit seinem Vierbeiner nach 15 Minuten wieder am Anschuss. Er berichtet, dass sein Hund ihn im Wald in südliche Richtung geführt hat und nach etwa 300 Meter am Zaun des dort befindlichen Wildgeheges stand. Der Zaun war dicht und unbeschädigt und auch für das Wildschwein zu hoch um einzuspringen. Der Hund suchte an dieser Stelle nicht weiter, so dass der Hundeführer ihn nochmals am Anschuss ansetzen wollte. Dieses Spiel wiederholt sich noch zwei Mal, bis der Hundeführer ein Einsehen hat und die Arbeit abbricht. Mit dem Ergebnis unzufrieden, da das Stück Schwarzwild aufgrund des gefundenen Knochenstücks ja einen schweren Treffer haben muss, will der Jagdpächter die Sache nicht auf sich beruhen lassen und beauftragt den Jungjäger, mich anzurufen, um zu erfragen, ob ich eine Chance sehe, das Stück zu finden und überhaupt Zeit hätte zu kommen. Immerhin ist es schon Mittag, und für die Anreise benötige ich schon fast eine Stunde. Da wir es dem Wild schuldig sind, alles zu unternehmen, um Leiden zu vermeiden oder zumindest zu verkürzen, ist meine Antwort klar: „Ich komme!“

Meine Arbeitszeit kann ich in der Regel frei einteilen, daher ist es mir möglich, auch an Werktagen für Nachsuchen auszurücken. Allerdings dürfen betriebliche Abläufe selbstverständlich nicht darunter leiden. Aus diesem Grund muss ich, während ich in aller Eile meine Nachsuchenausrüstung und Hunde in das Auto packe, ein paar dienstliche Dinge abstimmen und Termine vom Nachmittag auf den nächsten Tag verschieben. Somit habe ich mir den Nachmittag freigeschaufelt. Da die jüngere Generation der Jäger mit modernen Kommunikationsmitteln vertraut ist, erhalte ich vermehrt die Treffpunkte per Standort auf mein Smartphone gesendet. Dies schätze ich zunehmend, weil zeitaufwändige Sucherei und auch Missverständnisse in der Absprache vermieden werden. So ist der Treffpunkt in diesem Fall auch schon der Startpunkt der Nachsuche. Mittlerweile ist es 14 Uhr, als ich am Treffpunkt ankomme. Mit hoffnungsvollen Blicken begrüßt mich Jungjäger Timo. Aufgrund des vorangeschrittenen Tages will ich wenig Zeit mit Erklärungen und Schilderungen des bisher Geschehenen verlieren. Darum bitte ich Timo, mich zu informieren, während ich die Hunde mit Schutzwesten und Ortungsgeräten versehe und meine Ausrüstung anlege. Zusammen mit meiner Frau führe ich drei Schweißhunde und vier Terrier, die als Stöberhunde oder, wie heute, als Beihunde agieren. Für diese anspruchsvolle Arbeit habe ich die Hannoversche Schweißhündin Gunhild vom Bibertal, genannt „Hilde“, dabei. Im mittlerweile neunten Behang bilden wir ein eingespieltes Team, das sich blind versteht. Das war nicht immer so, denn die Arbeitsweise und das Tempo der „wilden Hilde“ führten mich zu Anfang unserer gemeinsamen Zeit häufig an körperliche und mentale Grenzen. Das lag vor allem daran, dass ihre drei Vorgänger sehr ruhige Riemenarbeiter waren, und ich für diese für mich völlig neue Herangehensweise von Hilde keinen Zugang gefunden hatte.

Das ist vermutlich das Handicap vieler Nachsuchengespanne, wenn sie die gemeinsame Arbeit beginnen. Gerade dann, wenn der vorige Schweißhund extrem leistungsstark war und das Gespann beinahe ein Jahrzehnt miteinander gearbeitet hat. Dieses Schicksal ereilte mich und Hilde ebenfalls. Denn ihr Vorgänger war „Dassler", ein Steirischer Rauhaarbrackenrüde, der sich schon zu Lebzeiten bei den Jägern einen Legendenstatus erarbeitet hatte. Hilde und ich benötigten fast vier gemeinsame Jahre, in denen ich der braven Hündin oft zu Unrecht nicht geglaubt hatte, bis ich die Sprache dieser passionierten und leistungsstarken Hündin verstanden habe. Als Beihund fungiert heute der Heideterrier „Henry". Einen Beihund nehme ich dann mit, wenn ich einen Begleiter habe, der körperlich in der Lage ist, mir zu folgen. Diesen habe ich mit Timo zur Verfügung, wenngleich er als Jungjäger jagdlich völlig blank ist. Die Diskussion über den Sinn und Zweck eines Beihundes ist abendfüllend. Schlussendlich muss das jeder Schweißhundeführer für seine Einsätze selbst entscheiden. In wenig Worte gefasst kann ich für unsere Beihundeeinsätze sagen: Die Hatz wird kürzer, der Fangschuss schwieriger bis unmöglich, die Hunde unterstützen sich gegenseitig, aber der Bail wird häufig aggressiver. Da Henry zuverlässig Schwarzwild bis 50 Kilogramm (aufgebrochen) bindet, wird Dank seines Einsatzes manch gefährlicher Fangschuss und manche Hatz über Straßen vermieden. Das Einkleiden der Hunde und Anlegen meiner Ausrüstung ist nach so vielen Jahren der Schweißarbeit eine kurze Routine. Wir begeben uns zum Anschuss, den uns Timo zeigt, und finden immer noch den besagten Knochensplitter, der sich als Teil eines Röhrenknochens entpuppt. Kurz noch inspiziere ich den Anschuss, um anhand der weiteren Pirschzeichen eventuell zu erkennen, ob der Treffer höher am Vorderlauf oder vielleicht sogar auf der Keule sitzt. Die vier Anläufe des vor mir tätigen Gespanns haben aber alles zertreten. Schlussendlich reicht jedoch das Fundstück, um einen Lauftreffer zu diagnostizieren. Skeptisch bin ich jedoch, aufgrund der Wandstärke der Röhre, ob es sich tatsächlich um einen Überläufer handelt. Der Regen und die vorangegangene Suche des anderen Gespanns haben alle Trittsiegel eliminiert. Egal – es erwartet uns mit größter Wahrscheinlichkeit eine Hatz, also lege ich die wartende Hilde zur Fährte und übergebe ihr das Kommando.

Hilde untersucht akribisch den Anschuss und das Umfeld. Dafür benötigt sie meist nur wenige Augenblicke, bis sie die Wundfährte annimmt. Gelegentlich fällt ihr ein, dass sie noch nicht alles genau untersucht hat und geht dann nochmals zurück zum Anschuss – das ist eben Hilde. Da ich aber meiner erfahrenen Hündin das Kommando übergeben habe, folge ich ihr ohne zu murren. Im Augenwinkel sehe ich den verständnislosen Blick von Jungjäger Timo über dieses Zurückgreifen von Hilde. Innerlich schmunzle ich, weil mir das am Anfang der gemeinsamen Zeit mit Hilde genauso ergangen ist. Nun ist aber der Anschuss von meiner Hündin gründlichst untersucht, und die Reise geht los. Mit tiefer Nase liegt Hilde nun im Riemen und arbeitet zügig über die Wiese in Richtung des Waldes. Auf der Wiese schaue ich nicht mehr nach Pirschzeichen, der Regen hat hier sicherlich alles weggewaschen. Jedoch versuche ich am Waldeingang, hier ist höhere Vegetation und Gestrüpp, Abstreifungen oder sonstige Hinweise zu erhaschen. Dies würde mir etwas mehr Sicherheit in die Arbeit meiner Hündin geben, zumal hier vor uns ja vier Mal ein anderes Gespann die Fährte gezogen hat. Solange wir uns im Wirkungskreis des vorher suchenden Schweißhundeführers befinden, bin ich mit gesteigerter Konzentration versucht, Bestätigung zu finden, damit ich Hilde mit einem kurzen Lob bestärken kann. Die Duftspur des anderen Hundes zusammen mit seinem Führer ist ja die frischeste und intensivste Fährte und daher für den nachfolgenden Hund eine starke Verleitung. Nach meiner Interpretation arbeiten die Hunde gelegentlich die Spur des vorigen Hundes nach dem Motto: „Mal schauen was der so gemacht hat." Nach einigen Hundert Metern Strecke im Wald arbeitet Hilde in einem leichten Bogen in nördliche Richtung. Die leichte Unruhe in der Arbeitsweise meiner Hündin ist nun verschwunden, daher gehe ich davon aus, dass wir die Verleitungen des ersten Gespanns verlassen haben. Jetzt gefällt mir auch die gesamte Körpersprache und der Suchenstil von Hilde, so dass ich ihr nun entspannter folge und weniger auf Pirschzeichen und viel mehr darauf achte, was mir die erfahrene Schweißhündin anzeigt. Sie arbeitet mit tiefer Nase einen Wechsel. Kurz vor einer Wegüberquerung verweist mir Hilde einen winzigen Knochensplitter – bingo – wir sind auf dem richtigen Weg.

Meine Zufriedenheit mit der Arbeit scheint meine vierbeinige Jagdkameradin zu spüren, sie zieht mich nun wie auf Schienen den ansteigenden Hang hinauf. Wie erwartet führt uns die Fährte durch das unwegsame Gelände der Vorbergzone des Südschwarzwaldes. Dass wir uns in einem Südhang befinden, erkenne ich allein schon daran, dass sich die Brombeeren hier offensichtlich wohlfühlen und uns das Vorankommen erschweren. Bisher hat Timo mit Henry zusammen den Anschluss an mich und Hilde gehalten. Für die nun dichter und dorniger werdende Vegetation erhält Timo nun von mir die Freigabe. Er soll, wenn es extrem dicht wird, nicht meiner Spur folgen, sondern sich im näheren Umfeld einen leichteren Weg suchen. Das hat für mich den Vorteil, dass ich nicht auf Henry und Timo warten muss, denn neben der Fährte können sie leichter den Anschluss an mich halten. Zudem ist Timo nicht mit einem Helm und Gesichtsschutz ausgestattet, und die Gefahr, dass er sich verletzt, wird dadurch zusätzlich reduziert. Beihund und Begleiter sind nur dann eine Unterstützung für mich, wenn sie sich auch in unmittelbarer Nähe befinden und unverletzt einsatzfähig sind. Mittlerweile sind schon über zwei Kilometer am Riemen zurückgelegt. Immer mehr tiefe Geländeeinschnitte bereiten uns zunehmend Schwierigkeiten, weiter zügig voranzukommen. Noch besteht jedoch kein Grund zur übertriebenen Eile, denn trotz des regnerischen Wetters haben wir sicherlich an den langen Augusttagen bis gegen 20 Uhr gutes Licht. Immer noch arbeitet Hilde konzentriert stetig hangaufwärts. Wir haben bestimmt schon 300 Meter Anstieg hinter uns, doch nun wird das Gelände merklich flacher. Offensichtlich hat das Wildschwein hier einen Widergang gemacht, denn Hilde sucht nun einen größeren Bereich nach der gerechten Fährte ab.

Seit dem Fund des winzigen Knochensplitters habe ich keinerlei Bestätigung mehr gefunden und kann so meiner Hündin keine weitere Unterstützung bieten. Auf den vielen Fährten der letzten Jahre habe ich festgestellt, dass ich in solchen Situationen auf gar keinen Fall Ungeduld zeigen oder gar Druck aufbauen darf. Solche Signale führen Hilde in eine Art „Hamsterrad“, und sie kann sich, im Bestreben mir alles recht zu machen, nicht mehr auf die Nasenarbeit konzentrieren. Also bleibe ich entspannt und folge der sichtlich bemühten Hündin in ihren Versuchen den Abgang zu finden. So drehen wir beinahe 10 Minuten unsere Kreise, bis sich Hilde schlussendlich sicher ist, dass die Fährte steil bergauf verläuft. Am Horizont, oben im Hang, ist eine große Dickung zu erkennen. Auf den bisherigen über drei Kilometern Fährte haben wir uns schon durch einige Brombeerwüsten und kleinere Nadelholzdickungen gekämpft. Das verletzte Stück hätte also schon etliche Plätze vorgefunden, um ein Wundbett anzulegen. Offensichtlich hat der Schwarzkittel aber ein bestimmtes Ziel. Durch meine vielen Nachsuchen, die uns häufig in den gleichen Dickungen zum toten Stück oder ans warme Wundbett führten, entwickelte ich die These der „Krankenzimmer“. Schwarzwild sucht, wenn es noch körperlich dazu in der Lage ist, offensichtlich bestimmte Stellen auf, wenn es verletzt ist. Die über uns liegende Dickung scheint wieder so ein Krankenzimmer zu sein. Ansonsten hätte das Wildschwein den tiefer im Hang liegenden Wechsel nicht schlagartig verlassen und die höher gelegene Dickung angesteuert, so zumindest meine Annahme. Wir streben also direkt auf eine im Sonnenhang gelegene Dickung zu. Keine 20 Meter bevor es richtig dicht wird, zeigt Hilde ein deutlich verändertes Verhalten. Langsamer, fast schon vorsichtig, bewegt sie sich Richtung Dickungsrand. Mein Blick zu ihrem vierbeinigen Adjutanten, dem erfahrenen Henry, bestätigt meine Vermutung. Henry steht nur noch auf den Hinterläufen und holt Wind, das deutlichste Anzeichen dafür, dass gleich etwas passieren wird. Wir sind unmittelbar vor dem Wundkessel.

Bis zum heutigen Tag habe ich mit Hilde schon über 700 Nachsuchen gearbeitet, so dass ich meine Hündin so gut kenne, dass ich mir sehr sicher bin, dass das kranke Stück vor uns sitzt. Also ergreife ich die Initiative und schnalle Hilde und gebe Timo das Zeichen, dies mit Henry ebenfalls zu tun. Beide Hunde bewegen sich fast schleichend und ohne Laut in die Dickung rein. Noch wundere ich mich, warum sie nicht sogleich die Festung stürmen. Wenige Augenblicke später kurzer Standlaut der Hunde und brechende Äste, gefolgt von deutlich hörbaren Tritten, als ob ein Pony vor den Hunden wegbricht. Nahtlos setzt der Hetzlaut ein und die Geräuschkulisse bewegt sich weg von uns. Nun wird aus den ganzen Puzzlesteinen ein Bild: der dickwandige Knochen, die vorsichtigen Hunde, die deutlich hörbaren Schalentritte auf der Flucht und Henry, der nicht am Schwarzkittel hängt – der Überläufer entpuppt sich als ausgewachsener Urian. Ich erkläre Timo, dass wir nun warten müssen, bis wir Standlaut vernehmen. Sollte die Hatz weitergehen, müssen wir umgehend versuchen, Anschluss zu halten. Meine Hoffnung auf eine kurze Hatz wird mit dem Blick auf das GPS-Ortungsgerät zerschlagen. Die Hunde sind schon über 700 Meter Luftlinie von uns entfernt.

Also heißt es für uns nun, die Ideallinie zu finden, um den Hunden zu folgen. Die Fahrzeuge sind aktuell zu weit entfernt und einen Helfer, der uns nachführen könnte, haben wir auch gerade nicht zur Hand. Aus Erfahrung versuche ich zunächst einmal den nächstgelegenen Weg zu finden und auf diesem dann der Hatz nachzueilen. Zuvor orientiere ich mich aber nochmals auf der Karte des Hundeortungsgerätes, um auch den optimalen Fahrweg anzusteuern. Dieses Vorgehen hat sich als deutlich schneller und kräfteschonender herausgestellt, als das Folgen in kürzester Linie querfeldein. Wir haben den ausgewählten Weg erreicht, und mein Blick auf das GPS-Ortungsgerät zeigt an, dass die Hunde nun an einem Ort stehen. Es sind aber immer noch eineinhalb Kilometer bis zum Bail. Im Laufschritt eilen wir zum Ort des Geschehens. Als wir nur noch 200 Meter entfernt sind und um eine Wegbiegung kommen, sehe ich die Bescherung: Ein Hang mit extrem dichter Tannenverjüngung, gerade einmal zimmerhoch. Das bedeutet praktisch null Sicht. Ich kann nur hoffen, dass sich der Bail an einer einsehbaren Stelle befindet.

Den Jungjäger im Schlepptau, nähere ich mich weiterhin auf dem Weg dem Standlaut. So komme ich bis auf 50 Meter an meine beiden Hunde und das verletzte Wildschwein heran. Über mir im Hang arbeiten Hilde und Henry intensiv, und das Wetzen der Waffen des Keilers ist ebenfalls gut zu hören. Aus Gründen der Eigensicherung schließt sich ein Angehen von unten aus. Wenn der wütende Basse mit Schwung von oben gegen mich kommt, habe ich keine Chance, dem Angriff auszuweichen. Daher entscheide ich, die Sache zu umgehen und mir von oben einen Weg näher an das Geschehen zu suchen. Links scheint die Dickung etwas lichter zu sein, darum nehme ich Timo mit und gehe etwas oberhalb des gut hörbaren Standlautes die Szenerie an. Timo bekommt von mir die Anweisung, am Dickungsrand stehenzubleiben. So kenne ich seine Position und kann im Falle eines Fangschusses eine Gefährdung meines Begleiters ausschließen. Die ganze Sache wird auf jeden Fall sehr anspruchsvoll. Die hart arbeitenden Hunde stellen offensichtlich einen sehr wehrhaften Gegner. Neben dem mir vertrauten, anhaltenden Standlaut meiner beiden treuen Vierbeiner vernehme ich weniger erfreuliche Geräusche. Ein permanentes Waffenwetzen unterbrochen durch tiefes Brummen und brechendes Geäst gefolgt von kurzem Hundeklagen. Es ist deutlich zu vernehmen, dass meine Kameraden umgehend Hilfe von mir benötigen. So suche ich mir einen Weg näher heran. Ich bin schon bis auf 10 Meter vorgerückt und kann die drei Protagonisten atmen hören und den Keiler sogar riechen, aber vor mir ist alles so dunkel wie die Nacht. Ich kann nichts erkennen. Links von mir sehe ich einen höheren Wurzelstock. Ich steure auf ihn zu, erklimme die einen 1 Meter hohe Aussichtsplattform, meinen Repetierer immer im Voranschlag, und hoffe nun von hier aus etwas erkennen zu können. Aber auch hier nur grüne Hölle. Durch die wackelnden Tannen kann ich genau erkennen, wo sich das Drama abspielt. Meine beiden Hunde tragen eine Signalglocke an ihren Schlagschutzwesten. Daher kann ich sogar ermitteln, wo sich gerade die Hunde befinden und wo ihr Kontrahent ist. Trotzdem gelingt es mir nicht, einen Fangschuss anzubringen – ich kann einfach nichts erkennen. Ziemlich ratlos und auch besorgt um das Wohl der beiden Hunde versuche ich eine Lösung zu finden. Der Laut meiner beiden Mitstreiter wird von zunehmenden Pausen unterbrochen. Der Kampf in dieser Dickung dauert nun schon fast eine Stunde. Da steht Hilde plötzlich bei mir und schaut mich beinahe vorwurfsvoll an, als wolle sie sagen: „Du könntest nun auch mal mit reinkommen, um uns zu helfen." Sie hat offensichtlich schon Hiebe vom Keiler abbekommen. Einen schnellen Blick auf die blutenden Stellen schaffe ich noch, da verschwindet Hilde im Dunkel der Dickung und ihr Laut erhallt wieder.

Im Wissen um geschlagene Hunde, nimmt meine Verzweiflung weiter zu. Da ich weiß, wie gefährlich die Situation auch für mich werden kann, bin ich innerlich hin- und hergerissen. Eigensicherung und Unterstützung für die Hunde schließen sich praktisch gegenseitig aus. Aber irgendetwas muss nun geschehen. Also bewege ich mich möglichst leise immer näher an die beängstigende Geräuschkulisse, in der Hoffnung, dass der Basse mich nicht wahrnimmt. Immer bereit, die vielleicht winzige Chance zu nutzen, um dem Spiel mit einem sicheren Fangschuss ein Ende zu bereiten. Offensichtlich merken die Hunde meine Nähe und werden mutiger und bedrängen den Keiler noch aggressiver als zuvor. Was deutlich hörbare Gegenreaktionen des Urians zur Folge hat, gefolgt von kurzem Aufheulen der Hunde. Dann ist es still. Als nächstes klopft etwas gegen mein Schienbein. Im selben Augenblick taucht aus den Tannen vor mir der Keiler auf und springt mich an. Dabei stößt er mit seinen Vorderläufen auf meine Brust, als wolle er mich umstoßen. Die Dickung ist hier aber derart dicht, dass ich gar nicht umfallen kann. Im Reflex halte ich mit beiden Händen meine Repetierbüchse schützend quer vor mich und stoße den wütenden Schwarzkittel von mir weg. Scheinbar überrascht von meiner Standhaftigkeit und Gegenwehr weicht der Keiler zurück. Verfängt sich in dieser Szene aber in meinem Gewehrgurt und reißt mir mit seiner ganzen Masse die Waffe aus den Händen und taucht, mit geschulterter Waffe (!), wieder im Dunkeln der Tannen ab. Einige Meter sehe ich noch die Tannen vor mir wackeln, dann ist es wieder still.

So stehe ich nun entwaffnet und ratlos im grünen Meer der Tannen und muss erst einmal meine Gedanken sortieren. Was ist mit den Hunden? Wer könnte mir helfen? Wie komme ich schnell an eine Ersatzwaffe? Wie erkläre ich meinen Waffenverlust der Waffenbehörde – glaubhaft? Die Anrufe bei näher wohnenden Hundeführern bringen mir nur Absagen, also auch keine Unterstützung. Mein nächster Hoffnungsschimmer: Vielleicht hat sich der Keiler mit dem Gewehrgurt in der Dickung verfangen und ich kann ihn mit dem

Abfangmesser erlegen. Also tauche ich auf allen Vieren in die Tannendickung ab und versuche, der Fluchtfährte des Keilers zu folgen. Statt wie erwartet den gefesselten Keiler zu finden, schimmert meine orange Nachsuchenbüchse, ohne den Keiler, vor mir im Dunkeln der Dickung. Mit dem Gefühl, dass sich damit das Blatt wieder gewendet hat, versuche ich nun zu hören, wo sich Hilde, Henry und der Keiler befinden. Aber es ist nichts zu hören. Die Sorge um meine Hunde steigt rapide. Hat die letzte Attacke des Keilers, als beide Hunde so schrecklich aufheulten, sie schwer verletzt oder gar getötet? Warum höre ich kein Ortungsglöckchen mehr? Gerade als ich auf das Ortungsgerät schauen will, um zu sehen, wo sich Hilde und Henry befinden, höre ich etwas schnell auf mich zu kommen. Ohne Glöckchen vermute ich den Keiler und gehe in Anschlag. Plötzlich schimmert jedoch etwas Oranges vor mir auf. Es ist ein Mensch – Timo!

Nachdem ich meinen ersten Schrecken verarbeitet habe, bekommt der übereifrige Begleiter erst einmal einen gewaltigen Anschiss von mir. Sich ohne Ankündigung von seinem Platz zu entfernen und sogar mitten in die Gefahrenzone zu stolpern, ist unverantwortlich. Kleinlaut erklärt der Jungjäger, dass er schauen wollte, ob etwas passiert ist, weil es in der Dickung beinahe 10 Minuten absolut still war. Ich bin noch mitten in meiner deutlichen Ansprache, als ich weit unterhalb von uns Standlaut vernehme. Es ist sogar Laut von zwei Hunden. Also leben beide noch! Meine offensichtlich laute Ansprache an den unvorsichtigen Jungjäger hat vermutlich den Keiler dazu veranlasst, aus der Dickung zu schleichen. Das haben die Hunde bemerkt und den Schwarzkittel unweit wieder gestellt. Ein schneller Blick auf das Ortungsgerät verrät, dass sich der Bail nun 200 Meter weiter unten in einem Bachlauf befindet. Voller Adrenalin, aufgrund der vielen bizarren Ereignisse, stürme ich aus der verhassten Dickung heraus und bin sogleich siegessicher. Der Bachlauf liegt vor mir in einem Altholz und ich kann schon auf über 100 Meter die leuchtenden Schutzwesten von Hilde und Henry sehen, wie sie einen schwarzen Klotz flankieren. Um ein weiteres Ausbrechen des Keilers durch mein Heranstürmen zu vermeiden, verlangsame ich umgehend mein Tempo und versuche, durch Bäume verdeckt, noch etwas näher zu kommen. Hilde und Henry, aber auch der Keiler, machen einen sehr erschöpften Eindruck und stehen sich gegenüber, wie Boxer in der zehnten Runde. Da nur noch wenig Dynamik in der Bail vorhanden ist, fällt es mir auch leicht, eine passende Situation abzupassen, um einen sicheren Fangschuss anzutragen. Der 100 kg schwere Keiler fällt im Schuss um und rollt noch ein paar Meter den Hang herunter. Eine unbeschreibliche Erleichterung macht sich in mir breit. Diesem Glücksgefühl gewähre ich aber nur wenig Raum, denn nun gilt es sich umgehend um die tapferen Hunde zu kümmern. Sofort erkenne ich, dass die Hunde tierärztlich versorgt werden müssen. Sowohl Hilde als auch Henry haben außerhalb der Schutzbereiche ihrer Westen jeweils drei Wunden an Hals, Kopf und Läufen.

Gerade will ich Timo, noch immer von den Geschehnissen des Tages beeindruckt, beauftragen, jemanden für den Rücktransport zu organisieren, um die Hunde ohne unnötigen Zeitverlust beim Tierarzt versorgen zu lassen, da fährt ein Auto den Weg entlang. Es ist mein Jagdkamerad Florian, der von meiner Notlage durch einem angerufenen Hundeführer gehört hat. Sofort hat er sich auf den Weg gemacht, um mich zu unterstützen. Eben ein echter Freund! Er fährt uns nun zum Auto zurück. Währenddessen informiere ich telefonisch meine liebe Frau Daniela, damit sie unser Eintreffen bei der Tierarztpraxis schon ankündigen kann. Eine knappe Stunde später nimmt sie die Hunde auf dem Parkplatz der Tierarztpraxis entgegen. Fast schon routiniert hat Daniela die Tierärzte über die eintreffenden Patienten und die Art der Verletzungen vorinformiert, so dass möglichst wenig Zeit verloren geht. Somit kann ich nach Hause, mich von den nassen und verschmutzten Klamotten befreien und mein pochendes Schienbein versorgen. Das Laufen fällt mir nämlich zunehmend schwerer. Zunächst habe ich den Schlag des Keilers kaum wahrgenommen, aber die nun wachsende Schwellung bestätigt die Entschlossenheit des Bassen. Die Sauenschutzhose hat den Waffen des Keilers standgehalten, allerdings verpasste mir der Angreifer eine saftige Prellung. Zwei Tage später leuchtet mein Bein vom Knie bis zum Fuß in allen Farben des Regenbogens. Mit Erfahrung, Besonnenheit und einer Prise Glück haben wir diese schwierige Nachsuche ohne bleibende Schäden überstanden. Noch heute bin ich stolz auf die Arbeit der mutigen Hilde und ihres ebenso schneidigen Adjutanten Henry. Der Gedanke an diese Nachsuche und die Vorstellung meines entsetzten Blickes, als mich der Keiler entwaffnet hat, treibt mir heute noch ein Schmunzeln ins Gesicht.

Dipl.-Forstwirt (FH) Stefan Mayer, geboren 1968 in Lörrach, lebt im Südschwarzwald, arbeitet zurzeit mit Bayerischem Gebirgsschweißhund.

An diesem Keiler bissen sich nicht nur die Hunde die Zähne aus.

Diese Waffen können schon einiges anrichten.

Der Rothirsch im Hausgarten

Helmut Hilpisch

In der Regel verlaufen Nachsuchen auf Rotwild in Lebensräumen mit Raumtiefe und wenig Zivilisation. Riemenarbeit, Hetzen, Stellen und Fangschuss sind der klassische Ablauf, wenn alles passt. Der Anruf kam abends. Jagdpächter Karl-Heinz hatte im letzten Büchsenlicht einen geringen Hirsch, einen Achter vom dritten Kopf, beschossen. Am Anschuss kein Hirsch, nur Schweiß und Knochensplitter. Für den nächsten Morgen wurde ein Treffen zur Nachsuche vereinbart. Am Anschuss angekommen, bestätigten die Knochensplitter Röhrenknochen vom Lauf. Die Wetterlage hatte sich verändert, und es fegte ein strammer Ostwind mit Schneetreiben. Meine damalige Hannoversche Schweißhündin Weihe von der Feldeiche, „Amsel" genannt, wurde am Anschuss zur Fährte gelegt. Der Anschuss in einem durchwachsenen Eichen-Niederwaldbestand verlief aus dem Talbereich auf einen Höhenrücken mit Fichten-Altholzbeständen. Der scharfe Wind und der Schnee auf der Höhe hatten die Sichtbarkeit der Schweißbestätigungen bereits überdeckt. Ich war froh, dass meine Kapuzenjacke mich gegen den Schneesturm schützte. Die Hündin kam nur mühsam vorwärts, korrigierte immer wieder und kratzte stellenweise mit den Pfoten den Schnee frei zum Verweisen. Das Wetter machte eine verlässliche Fährtenarbeit unmöglich.

Der Vormittag verlief unbefriedigend, und wir schafften vielleicht nur 1.000 Meter Riemenarbeit. Besonders der schneidige Wind erschwerte Amsel die Nachsuche. Die Bestätigung fehlte, und ich konnte die Hündin soweit „lesen", dass trotz ständigem Zurückgreifen die Fährte verloren war. Ich brach für den Tag die Nachsuche ab. Eine Wetteränderung für die kommende Nacht war vorhergesagt, und ich versprach mir dadurch bessere Voraussetzungen für die Suche am nächsten Tag. Karl-Heinz konnte ich mit meinem Entschluss nicht begeistern, da er in seinem Jägerleben so eine Situation noch nie erlebte. Anschließend saßen wir noch eine Weile beisammen. Wir unterhielten uns und er sagte, dass dieser Hirsch sein erstes Stück Rotwild sein sollte. Es wurde für den nächsten Morgen zur gleichen Zeit an gleicher Stelle für die Fortsetzung der Nachsuche ein Treffen verabredet. Karl-Heinz bekräftigte nochmals seine Zweifel am Erfolg und versprach eine angemessene Geldsumme, falls der Hirsch zur Strecke kommt. Man kann sich ja vieles im Leben mit Geld erkaufen, aber der Erfolg einer schwierigen Nachsuche ist nicht käuflich. Da zählen andere Dinge. Amsel lag am Abend total erschöpft in ihrem Korb. Eine Bestätigung, dass die anstrengende Nasenarbeit alles von einem Hund verlangt und viel Kraft kostet.

Am nächsten Morgen machten wir dort weiter, wo wir am Vortag die letzte Bestätigung hatten. Der Wetterumschwung brachte leichten Regen und der Wind hatte sich gelegt. Startschwierigkeiten hatten wir durch ein Alttier mit Kalb, die sichtbar vor Amsel über die Krankfährte wechselten. Die Hündin wurde für einen Moment abgelegt und mit anschließendem Zuspruch zurück auf die Fährte gebracht. Mit Bestätigung durch die Eingriffe vom kranken Hirsch verlief die Riemenarbeit aus dem Altholzbestand in einen Talkessel mit großer Fichtendickung. Ohne Schweißbestätigung vertraute ich Amsel und tauchte in die Dickung ab. Nach vielem Hin und Her in der Dickung verwies die Hündin ein Wundbett mit Schweiß. Ich legte schnell meine nasskalte Handfläche in das Wundbett und fühlte noch etwas Restwärme. Ohne dass wir es merkten, war der kranke Hirsch vor uns geflüchtet. Schnell die Hündin zur Hetze schnallen, der Hirsch müsste noch vor uns in der Dickung stecken. Amsel gab plötzlich vor mir Laut, und ich stand mitten in einer Rotte Sauen, die unmittelbar beim Hirsch steckte und im Eifer von der Hündin angejagt wurde. Schnell bemerkte der Hund den Irrtum und suchte die Krankfährte. Es war noch die Zeit ohne Mobiltelefon und Ortungsgeräte für Jagdhunde. Man schätzte den Fährtenlaut bei der Hetze und verfluchte die Ungewissheit, wenn die Fluchtrichtung nicht genau bestimmt werden konnte. Ich hörte keinen Standlaut in der Dickung. Also raus aus dieser und mit allen Sinnen die Hündin suchen. Am Dickungsrand sah ich im Tal eine Ortschaft, aber von Amsel keine Spur. Hundegebell aus der Ortschaft irritierte meine Suche. Ich lief talabwärts Richtung Dorf und erkannte, dass das Hundegebell in der Ferne doch der Standlaut von Amsel sein könnte. Ich stand auf der Dorfstraße und suchte in Richtung des Hundelautes. Plötzlich wurde mein Blick frei zwischen den Wohnhäusern und ich sah die Hündin oberhalb vom Dorf. Sie stellte den Hirsch auf der blanken Wiese.

Für einen Augenblick erlebte ich die Faszination des Anblicks: Der stellende Hund mit dem Hirsch als Scherenschnitt gegen den Horizont. Dann aber schlich ich zwischen den Häusern und Gärten, an Zäunen entlang unter Nutzung jeglicher Deckung in Richtung Bail. Auf diesem Weg begegnete mir eine erschrockene Hausbewohnerin, der ich in wenigen Sätzen die Situation erklären musste. Der letzte Baum als Deckung reichte nicht aus für einen Schuss. 80 Meter freihändig über Kimme und Korn sind auch bei einem Hirsch gewagt. Mit forschem Schritt ging ich den stellenden Hirsch an, bemerkte seine zunehmende Unruhe und gab einen verzweifelten Schuss ab. Der Hirsch brach vor der Hündin aus, und beide verschwanden hinter einer Kuppe. Im Laufschritt hinterher, und was ich dann hinter der Kuppe sah, verpasste mir einen riesigen Schrecken. Hirsch und Hündin verschwanden in die Ortschaft. Schnell fand ich den Standlaut, Amsel hatte den Hirsch vor einem Bungalow in den Rabatten gestellt. Allerdings hatte ich als Kugelfang nur die Fensterfront des Hauses vor mir, und die Bewohner im Hintergrund beobachteten mit Schrecken in den Gesichtern das Geschehen. Eine Schussabgabe war unmöglich, und es blieb nicht anderes übrig, als den Hirsch von diesem Platz zu vertreiben. Trotz zerschlagenem Lauf überfiel der Achter problemlos einige Zäune und flüchtete noch tiefer in die Ortschaft. Amsel kam nicht über die Zäune und schaffte nur über Umwege wieder den Kontakt zum Hirsch. Ich lief die Dorfstraße entlang und horchte verzweifelt nach einem Standlaut. Dabei begegnete ich dem Schulbus, der soeben die Schulkinder zurückbrachte. Ich wusste nicht, was ich den Kindern sagten sollte mit einem Gewehr in der Hand. Ein Dorfbewohner mit Fotoapparat kam dazu. Dem Mann mit Fotoapparat erklärte ich, dass es gefährlich werden kann und er die Kinder für einen Augenblick im Zaum halten möge.

Amsel hatte den Hirsch wieder gebunden, der Standlaut kam aus der übernächsten Straße. Fest stand der Hirsch vor einer Hausfront aus massivem Bruchstein, wahrscheinlich die Wetterseite, da ich kein Fenster und keine Tür als Hintergrund sah. In Deckung der Hausmauer kam ich schussgerecht an den Hirsch heran und entschloss mich zum Fangschuss mit der Hauswand als Kugelfang. Der Hirsch stand halbspitz zu mir. Im Schuss warf es ihn herum, und er verschwand um die Hausecke. Wieder behinderten eine Hecke und ein hoher Zaun die Verfolgung. Über das Nachbargrundstück den Hirsch suchend, sah ich diesen über ein Rasengrundstück langsamer werden. Der Hirsch kollidierte dabei mit dem Stützpfosten einer Kinderschaukel, riss diese aus der Verankerung und ging dabei zu Boden. Geschafft!?

Mittlerweile durch meinen zweiten Kugelschuss im Ortsbereich, hatte ich die volle Aufmerksamkeit einiger Dorfbewohner, und eine Frau beschimpfte mich aus dem Fenster wegen der „Knallerei". Durch den hohen Zaun als Hindernis kam Amsel mit Verzögerung zum Hirsch und fasste diesen in die Keule. Mit Entsetzen sah ich, wie der Hirsch dadurch wieder lebendig wurde und mit dem Geweih nach der Hündin schlug. Meine „Aus-Rufe" hatten keine Wirkung auf den Beutetrieb und die Inbesitznahme der Hündin. Der Hirsch rappelte sich beschwerlich auf. Es gab nur noch eine zehn Meter breite Lücke als Schussfeld mit Kugelfang aus gewachsenem Boden zwischen den Häusern. Der Hirsch marschierte langsam weiter. Die letzte Chance zum Schuss. Kimme und Korn wurden auf 40 Meter auf die Kammer vom Hirsch fixiert. Im Schuss machte der Hirsch eine Drehung, und ich sah, wie in diesem Augenblick dem Hirsch die letzten Kräfte versagten. Auf der Ausschussseite pumpten die letzten Herzschläge den Schweiß sichtbar heraus. Es versagten die Läufe, und er brach verendet zusammen. Alle wichtigen und neugierigen Menschen vom Ort waren schnell beim Hirsch. Der Ortsbürgermeister war mit der Jagd vertraut und beruhigte einige aufgebrachte Dorfbewohner. Alles verlief ohne Polizei. Die Nachsuche ging über die Landes- und Reviergrenze hinaus, und der ortsansässige Jagdaufseher eilte dazu. Sofort attackierte er mich mit Vorwürfen wie Grenzjagerei und Fehlabschuss. Dass es sich um eine Nachsuche handelte und ich die falsche Adresse seiner Vorwürfe war, interessierte ihn nicht. Zu meiner Rettung kam dann ein Waldarbeiter angefahren. Ihn bat ich dann, mich über die Landesgrenze zurück zu meinem Fahrzeug zu fahren.

Jagdpächter Karl-Heinz meldete ich, dass sein Hirsch im Nachbardorf zur Strecke kam. Er freute sich gewaltig über den erfolgreichen Ausgang der Nachsuche. Er hielt sein Wort und entlohnte die Arbeit angemessen. 14 Tage vor Weihnachten damals ein warmer Segen, den Kindern die Weihnachtswünsche zu erfüllen. Anmerkung: Seit meiner Ausbildung zum Berufsjäger bis heute begleitet und fasziniert mich die Nachsuchen-Arbeit. Vielen Schweißhundeführern folgte ich bei der Nachsuche, und sie waren meine Vorbilder, bis ich mir selbst einen Schweißhund zulegte. Heute führe ich meinen fünften Hannoverschen Schweißhund vom Verein Hirschmann. In allen diesen Jahren begleitete mich immer die kontroverse Diskussion über die richtige Munition für den Fangschuss. Einerseits sollte der Fangschuss sofort das Wild binden, anderseits sollten keine Geschosssplitter den Hund verletzten. Übernommen habe ich von meinen Vorbildern den Fangschuss mit Vollmantelmunition im Kaliber 8 × 57 IS. Fangschüsse auf Schwarzwild sind damit erstaunlich wirkungsvoll und zeigen bei halbwegs guten Treffern eine sehr gute Stopp- und Tötungswirkung. Besonders bei Fangschüssen auf Schwarzwild ist eine geringe Schussentfernung und eine Unübersichtlichkeit in Dickungen, Brombeer- und Ginsterdickichten normal. Bei aller Vorsicht kommt es trotzdem immer wieder vor, dass ein Hundeführer beim Fangschuss seinen Hund verletzt. Es gibt Beispiele, dass ein mit Vollmantel getroffener Hund durch den Tierarzt gerettet werden konnte. Solche Treffer mit Zerlegungs- oder Deformationsgeschossen sind meist für den Hund tödlich. Rotwild hat einen großen Wildkörper und Fangschüsse mit Vollmantelmunition zeigen daher, auch bei guten Treffern, häufig unbefriedigende Wirkung. So war es auch bei dem Rothirsch im Hausgarten.

Wildmeister Helmut Hilpisch, geboren 1957 nahe Koblenz, mit fünftem Hannoverschen Schweißhund im Westerwald und Siegerland unterwegs

Nachsuche auf Usedom

Dirk Nass

Meine neue Heimat als Jäger und Hundeführer habe ich nach der Wende auf der Insel Usedom als Stadtförster gefunden. Um es vorwegzunehmen, teilweise wünscht man sich schon ein etwas leichteres Gelände, aber das geht wohl jedem passionierten Schweißhundeführer so. Das Besondere an den hiesigen Gefilden ist einfach, dass man oft die ganze Breitseite topografischer Besonderheiten und des dazugehörigen Bewuchses serviert bekommt. Konkret: Es ist nichts Außergewöhnliches, wenn man aus einem 150-Hektar-Maisschlag herauskrabbelt, dann sich durch dichten Schwarzdorn quälen muss, eine Steilküste runterschliddert und abschließend in breiten Schilfgürteln das Schwimmen übt. Das ist Usedom und das von riesigen Schilfgebieten gesäumte nahe Festland. Man weiß also nie, was auf einen zukommt. Fast immer werden Buxe und Schweißhund nass, denn genau dahin, in die ausgedehnten Schilf- und Moorgebiete, zieht es kranke Sauen fast immer. Das kann mitunter lebensgefährlich werden. Den Leichtsinn der ersten Jahre noch ohne GPS und viel Gottvertrauen habe ich lange abgelegt. Heute, nach nunmehr fast 30 Jahren mit Hannoverschen Schweißhunden, wäge ich insbesondere in den Moor-Schilfgebieten sehr genau ab, was noch möglich und zu verantworten ist.

Und nun dieser wunderschöne sonnige Novembertag. Am Vorabend gegen 22.30 Uhr erreicht mich die Meldung, dass ein Jagdgast zwecks Wildschadensverhütung eine stärkere Sau beschossen hat, die sich nach dem Schuss mehrfach drehte und über den Winterraps in Richtung eines Dorfes flüchtete. Klasse, dachte ich mir, wenn dem so ist, besteht die gute Chance, dass sie sich in einem der zahlreichen Sollöcher einschiebt und (bitte) nicht wieder in den angrenzenden Schilfgürtel am Peenestrom (Achterwasser) zieht. Natürlich hatten wir aufgrund des Sturmes wieder Hochwasser. Morgen dauert es nicht lange, sage ich meiner lieben Frau, war ein schweres Kaliber und gezeichnet hat der Kujel (wie der Ostpreuße sagt) auch. Irgendwie nimmt sie mir das nicht mehr ab – Frauen eben. Nach der Einweisung am nächsten Morgen und der üblichen Befragung nach Kaliber und Geschoss (9,3 × 62, bleifrei) zeigt sich der unglückliche Schütze sicher, tiefblatt abgekommen zu sein. Geschossen hat er bei gutem Mond, klassisch, ohne übliche Technik, was heutzutage eher prähistorisch anmutet, aber im Einzelfall bedeutet, das dort Wild nicht 365 Tage im Jahr verfolgt wird. Das beschriebene Zeichnen jedoch, die wenigen verwässerten Pirschzeichen (Farbe, Geruch) und vor allem einige größere Wildbretfetzen lassen nur den Schluss zu, das die Sau „falsch herum“ stand. Der Schuss wird vermutlich tief weidwund, wahrscheinlich verbunden mit einer Keulenverletzung, auf der Ausschussseite zu finden sein, wage ich die Prognose. Wer das Geschäft kennt, weiß aber, wie oft man danebenliegt, besser ist es meistens, einfach die Klappe zu halten.

Auf geht's, meine junge HS-Hündin „Ava vom Unteren Elsavatal", lässt sich nicht lange bitten und fällt die Fährte sofort vehement an, immer schön in Richtung Dorf über den leicht begehbaren Winterraps. Die Sonne scheint, ein herrlicher Novembertag, ein wunderbarer Spaziergang hinter dem roten Hund, der unbeirrt die Fährte hält. Was will man mehr. Nach etwa 400 Metern ohne nennenswerte Bestätigung, kam es aber doch wieder so, wie es kommen musste: Ava arbeitet einen großen Linksbogen in Richtung Achterwasser – wo auch sonst hin? Na wunderbar, denke ich mir, Wasser ohne Ende, hohes bürstendichtes Schilf. Das Ganze auf einen Überläufer, oder viel stärker? Man weiß tatsächlich fast nie genau, was einen da erwartet. Zumindest die Wildart ist dieses Mal sicher. Das sage ich nicht aus Überheblichkeit. Der Unglücksschütze ist mittlerweile etwas aus der Puste und schon wieder zurück zum Auto. Mein erfahrener Begleiter, ich nenne ihn mal Hans, und ich haben die Hoffnung, dass sich die Sau in den Randbereichen, bestehend aus Weide, Erle und Grasbülten, eingeschoben hat und nicht das Wasser annimmt, um irgendeine der Schilfinseln zu erreichen.

Plötzlich zeigt uns Ava ein verlassenes Wundbett mit Schweiß im Erlenrandbereich. Ich fasse hoffnungsvoll rein – leider kalt. Das Hoffnungsbarometer steigt trotzdem. Ava hat enorme Schwierigkeiten, den Abgang in diesem verwässerten Morast zu finden. Nach mehrfachem Kreisen zeigt sie deutlich, dass es in Richtung Wasser weitergeht. Weitere Pirschzeichen ... Fehlanzeige. Mittlerweile bin ich bis zu den Waden im Wasser eingesunken und wundere mich, das Ava so konsequent die Fährte hält. Hans (Gummistiefel) hat noch trockene Socken. Kurze Zeit später reicht das Wasser schon bis zum Keulenansatz. Hans schlägt vorsichtig vor, aufgrund des Geländes den Abbruch zu erwägen, da wir aber ohnehin schon nass wie die Tümpelkröten sind, entscheide ich, Ava zu folgen, solange es geht. Mindestens bis zur nächsten Schilfinsel, die locker mit Erlen bewachsen ist, folgerichtig trockeneres Gelände vermuten läßt. Ava schwimmt am kurzen Riemen mit großer Passion vor, Hans, selbst Schweißhundführer, drücke ich meinen Nachsuchenrepetierer in die Hand. Ich befürchte, bei einem Ausrutscher oder einer Untiefe mit sämtlichem Geschirr wie ein Küstenerpel zu gründeln. Erfahren wie er ist, folgt er uns Brust an Schulter. Der Gedanke war, wie sich herausstellt goldrichtig. Als Ava und ich aus tiefem Wasser auf die Schilfinsel krabbeln, nimmt die Sau aus dichtem Verhau sofort an, Auge in Auge. Ava und ich haben null Chancen zu reagieren. Instinktiv lasse ich mich fallen und brülle noch „schieß“, da kracht es auch schon. Schei… vorbei! Die Sau lässt ab, dreht bei, da kracht es wieder, und dieser Schuss findet glücklicherweise sein Ziel. Die Bergung des etwa 50 Kilogramm schweren Überläufers ist eher ein Flößen. Wir stehen so unter Adrenalin, dass wir bis zum Erreichen des Festlandes das kalte Wasser kaum spüren. Die Kugel ist, wie vermutet, tief weidwund eingedrungen und im Keulenbereich ausgetreten. Der Schütze hat sich bestimmt über die Sau gefreut, meine Freude gilt der guten Hundearbeit und der Gewissheit, die Qual verkürzt zu haben. Das so oft erbetene Erlegerfoto mit allem Drum und Dran wurde gottlob nicht abverlangt. Wenn man jahrzehntelang Aug in Aug das Leiden sieht und Leben löscht, macht das was mit einem. Vielleicht wird man weichherziger, vielleicht auch etwas ungerecht. Die Sau hat unvorstellbare Schmerzen erleiden müssen, umso wichtiger ist es, jeden ungeklärten Schuss zu kontrollieren und nicht leichtfertig Diagnosen zu stellen und/oder geländebedingt aufzugeben.

Stadtförster Dirk Nass, 1960 in Dortmund geboren, mit Hannoverschem Schweißhund auf Usedom und angrenzendem Festland im Einsatz

Schwein gehabt

Uwe Tabel

„Es war einmal“ – davon gibt es bei mir angesichts meiner frühen Geburt eine ganze Menge. Dazu gehört auch jene Zeit, da ich nach dem schlimmen Krieg bis Mitte der 1950er Jahre auf Spatzen jagte, die Beute sorgfältig rupfte und auch ansonsten bratfertig bei meiner Mutter ablieferte, die daraus einen köstlichen Happen zauberte. Ja, es war eine Zeit, da man zum einen sich über so kleine Happen freute und zum anderen die Spatzen noch in Massen um uns herum schilpten. Eine Erinnerung berührt mich bis heute mit innerster Befriedigung: In einem Parkgelände beschoss ich mit dem Luftgewehr einen Spatzen-Hahn, der daraufhin in ein unübersichtliches Heckengelände flatterte, das heißt, ich hatte ihn geflügelt. Da holte ich meinen andernorts abgelegten DD-Rüden „Bär“ und forderte ihn am Tatort zur Verlorensuche auf. Es dauerte gar nicht lange, da kam er zurück, setzte sich vor mich hin und gab mir den (selbstverständlich) noch lebenden Sperling ab – ich war schlicht glücklich. Das sorgfältige, fachgerechte Nachsuchen jedweden nicht unmittelbar tödlich verletzten Wildes bzw. Tieres, welches nicht der Kategorie „jagdbar" angehört, ist oberstes Gebot für den weidgerechten Jäger. Das versteht jeder Jäger, der den Tierschutz als wesentlichsten Teil der Weidgerechtigkeit begreift. Nachsuchen sind stets eine Folge bedauernswerter Missgeschicke, dennoch gehören sie für mich zu den faszinierendsten Arten des Jagens.

Vom Federwild über den Hasen und Fuchs bis hin zum Schalenwild beinhaltet das Nachsuchen derart facettenreiche Erlebnisse und Erfahrungen, dass es mich für diese Aufgabe seit meiner Jugend „gepackt" hat. Immer wieder kommt bei Nachsuchen Neuerlebtes hinzu, seien es ausdrückliche Verhaltensweisen des nachzusuchenden Tieres, die situationsgegebene Kommunikation mit meinem Nachsuchenhund oder besonders dramatische Umstände. Nicht zuletzt sind es auch körperliche Herausforderungen, wie etwa bergiges Gelände, dichte Schilfflächen oder Schwarzdorn- und Brombeergestrüpp, die beim Folgen des Hundes am Riemen erfüllt werden müssen und nach erfolgreicher Nachsuche besonders befriedigen. Gewiss, wenn man mittlerweile die neunte Altersdekade erreicht hat, bleibt vor allem die Erinnerung aus einem siebzigjährigen erfüllten Jägerleben, in dem eine besondere Hinwendung zum „Jagen nach dem Schuss" eine dominierende Rolle gespielt hat. Beispielhaft sei hier berichtet von einer nicht alltäglichen Nachsuche auf einen Keiler. Es geschah im Winter 1982/83 im Pfälzerwald, dort war ich beruflich zuhause, als mich am Vormittag der Anruf erreichte, dass auf der Verbindungsstraße von Mölschbach zur B 48 ein Zusammenstoß eines Pkw mit einem starken Stück Schwarzwild stattgefunden habe. Das Stück sei einige Sekunden auf der Fahrbahn liegen geblieben, danach aber verschwunden. Ob ich die Nachsuche machen könne, so die Frage des Anrufers. Ich sagte zu und machte mich auf den Weg.

Seinerzeit führte ich eine neunjährige Drahthaarhündin namens „Para", die nicht nur umfassend ausgebildet war und alle Standardprüfungen des Jagdgebrauchshund-Verbandes mit Bravour absolviert hatte, sondern speziell als Nachsuchenhund ein bemerkenswertes Leistungsvermögen entwickelt hatte. Von der Anlage her vereinigte sie in sich eine starke Wesensstabilität mit souveräner Härte und ausgeprägter Spur- und Fährtenarbeit. Zudem erlaubten es in der Zeit meine persönlichen Umstände, ihr reichlich Einsätze zu bieten, was bekanntlich für die hohe Qualifikation eines Nachsuchenhundes die entscheidende Voraussetzung ist. Daneben gab es „Felix", den Jagdterrier-Rüden und „strammen Ritter", mit dem Para prima harmonierte und den ich bei Nachsuchen insbesondere auf stärkeres Schwarzwild mit zu erwartender Hetze als Beihund gelegentlich mitführte. Mit beiden machte ich mich also auf den Weg und traf am fortgeschrittenen Vormittag am Unfallort ein, wo der örtliche Revierleiter und der Unglücksfahrer bereits warteten. Der Autofahrer hatte glücklicherweise keinen gesundheitlichen Schaden davongetragen, wohingegen sein Auto zwar noch fahrbereit war, aber einer Frontreparatur bedurfte. Die sorgfältige „Anschuss"-Untersuchung ergab einzig einen deutlich geformten Splitter vom Gewaff eines Keilers. Ansonsten keine Borsten, kein Schweiß, nichts.

Felix an der Umhängeleine, die 8 × 57-Büchse unterladen auf dem Rücken und Para am Schweißriemen – so starteten wir bergauf. Der Revierleiter beobachtete uns aus größerem Abstand, um sich mit seiner Ortskenntnis immer wieder strategisch sinnvoll zu positionieren. Die Temperatur lag wenige Grade im Minusbereich, eine geringe und vielfach unterbrochene Schneedecke unter dem Schirm eines Kiefern-Buchen-Eichen-Altholzes ließ zunächst hin und wieder den Fährtenverlauf erkennen. Para arbeitete unbeirrt voran etwa 350

Meter durch den Altbestand. Auf meine „Anfrage", ob sie noch auf der Fährte sei, verharrte sie selbstsicher. Die „Verharrmethode" gehört bei mir zur Riemenarbeit-Ausbildung. Sie eröffnet die Möglichkeit, in fraglicher Situation zu kontrollieren, ob der Hund noch auf der Ansatzfährte arbeitet. Die Ausbildungsmethode ist von mir mehrfach beschrieben worden. Die Wundfährte war aber für Para offensichtlich nicht allzu schwierig, denn es handelte sich um ein relativ starkes Stück Schwarzwild, das demgemäß eine sehr deutliche und somit hilfreiche Bodenverwundung verursacht hatte. Angesichts der nur geringen und vielfach unterbrochenen Schneedecke war allerdings nicht sicher zu erkennen, ob der Keiler alle vier Läufe normal aufsetzte. Dann aber führte die Fährte auf einer geringen Geländeneigung in ein etwa 20 Jahre junges Eichen-Gestänge, entstanden wie viele solcher Eichenbestände im Pfälzerwald durch künstliche Saat. Bei der Dichte und dem zum Teil noch hängenden alten Laub war der Schnee so gut wie nicht mehr auf den Boden gekommen, bot somit auch keinerlei Anhaltspunkte mehr. Für Para blieb das ohne Bedeutung, zügig führte sie etwa 200 Meter durch den Bestand, um dann in eine anschließende etwa zehnjährige, dichte Kieferndickung am Süd-West-Hang einzutauchen.

Wir mögen etwa 50 Meter, vielleicht auch etwas weiter in der Dickung vorangekommen sein, als Para die Nase hochnahm, heftig am Riemen zog und mir bedeutete, dass der Gesuchte vor uns aufgestanden war. Also griff ich vor und ließ sie frei. Es dauerte nur einige Sekunden, da wurde sie heftig hetz- bzw. fährtenlaut, zuerst von mir weg, dann im Bogen um mich herum und ungefähr in Richtung dorthin, wo wir gerade hergekommen waren. Zwischendrin gab die Hündin mehr oder weniger kurzen Standlaut. Da entschied ich mich, auch Felix zu schnallen. Felix, in solchen Situationen hinreichend erfahren, war rasch bei seiner Zwingergenossin. Das nun einsetzende, von ausgeprägtem Beuteln gefärbte Duett der beiden, ließ meinen

Puls gewaltig nach oben schnellen, und ich versuchte, so schnell wie möglich an das Kampfgeschehen heranzukommen. Nur meinen Ohren vertrauend „durchwuchtete“ ich die Kieferndickung und registrierte, dass der Laut just daher schallte, wo wir zuvor noch gewesen waren, nämlich aus dem Eichengestänge. Dort war es etwas übersichtlicher, das heißt ich konnte etwas weiter hineinsehen und kam auch zügiger voran. Mitten in dem Bestand registrierte ich verwundert, dass beide Hunde auf einem Platz eifrig hin und her suchten, ohne im Moment weiterzukommen. Viel Zeit zum Überlegen blieb mir allerdings nicht, vielmehr drehte ich mich intuitiv um und erblickte schräg seitlich auf etwa zehn Schritt Entfernung den Keiler, der seinerseits mich mit steil hochgestellten Tellern fixierte – ein faszinierender Anblick und gleichzeitig eine äußerst brenzlige Situation! Der Keiler hatte also einen kleinen Widergang gemacht, an dessen Anfang die beiden Hunde knobelten.

Aber für diesen Gedanken hatte ich in dem Moment keine Zeit, denn der Keiler startete unvermittelt auf mich los. Ich wollte blitzschnell die unterladene Kugel in den Lauf repetieren, hatte aber wohl den Kammerstängel nicht weit genug zurückgezogen, das heißt gerade jetzt klappte dieser Routinevorgang nicht. Zum Beheben dieses Klemmers blieb mir keine Zeit, denn der Keiler war bei mir, so dass ich mich seiner Attacke durch einen Hochsprung aus dem Stand mit gespreizten Beinen zu entziehen suchte, was zu meiner Verwunderung tatsächlich funktionierte. Nachdem der Keiler unter mir hindurchgeschossen war, drehte er sofort wieder um und startete eine neue Attacke. Unterdessen war es mir aber gelungen, eine Patrone in den Lauf zu bekommen und ich ihn unmittelbar zu meinen Füßen strecken konnte. Der Keiler war drei Jahre alt. Mein erster Gedanke danach – und jetzt blieb mir ja Zeit dafür – war, warum hat der Keiler mich nicht bei seiner ersten Attacke von den Füßen geholt? Die Antwort fand ich schnell: Die Kollision mit dem Auto hatte ihm die eine Schulter nachhaltig beschädigt! Diese Behinderung war während der Nachsuche wie auch bei den plötzlichen Attacken nicht zu erkennen. Schwein gehabt!

Para und Felix empfanden das alles, nachdem ihr Widergangsrätsel durch diesen Vorgang gelöst war, natürlich als riesiges Erfolgserlebnis. Para war allerdings in der Kieferndickung dem Keiler wohl zu nahe aufgerückt, denn ein tiefer Riss an ihrer Bauchdecke musste vom Tierarzt zugenäht werden. Insofern hatte auch sie Schwein gehabt. Eine Nachsuche unter ganz anderen Umstände erlebten Para und ich einige Monate später. Es war eine Nachsuche auf einen Überläufer, der von einem „sparsamen" Gastwirt am Vorabend beschossen war. Um mehr Wildbret verwerten zu können, schoss dieser „Jäger" grundsätzlich auf das Haupt und benutzte dafür ebenso grundsätzlich das wesentlich billigere Flintenlaufgeschoss. Um es vorwegzunehmen: Am Anschuss neben der Kirrung lagen Zähne; wir bekamen den Überläufer mit sauber gestanztem Loch durch den Rüssel etwa 3 Zentimeter vor den Lichtern. Die Außergewöhnlichkeit dieser Nachsuche bezieht sich allerdings nicht auf diese unweidmännische Art zu jagen, sondern auf einen ganz anderen Umstand. Para arbeitete am Riemen vom Anschuss an wie gewohnt souverän. Uns beide begleitete ein sehr junger Jäger, dem Nachsuchen ein unbekanntes Feld war, der etwas lernen wollte. Die Beschreibung des Fährtenverlaufs will ich hier nicht näher erörtern. Schließlich aber hatte die Sau einen sehr steilen und von großen Sandsteinblöcken überlagerten Hang angenommen. Das Folgen am Riemen war daher recht mühsam. In dem Vertrauen, dass die an allem Wild scharfe Para den Überläufer gegebenenfalls binden würde, übergab ich meine unterladene Büchse dem jungen Mann mit der Bitte, stets in meiner Nähe zu bleiben, damit ich rasch wieder Zugriff zu der Waffe hatte.

So führte mich Para also in den besagten Steilhang. Der junge Mann folgte uns mit meiner Büchse bergseitig. Plötzlich arbeitete Para unterhalb eines der vielen Felsblöcke nicht mehr wie bis dahin zügig, sondern prüfte in verschiedene Richtungen, um den Fährtenanschluss zu finden. Das bedeutete für mich Alarm: Der Überläufer könnte hier in der Nähe sich ins Wundbett eingeschoben haben. Und tatsächlich, kaum war mir der Gedanke durch den Kopf gegangen, schoss die Sau wie der Proppen aus der Sektflasche unter dem Felsen heraus, riss mir die Beine weg, weil ich einfach im Wege stand. Auf der Seite liegend behielt ich den Schweißriemen zunächst noch in der Hand. Para stürzte sich sofort auf den Überläufer und riss mir – in dem Falle glücklicherweise – den Riemen aus der Hand. Dem Betrachter müsste sich eigentlich ein kurios-dramatisches Bild geboten haben: Das Knäuel aus Hund und Sau sowie ich nahe darüber am Boden liegend. Ich richtete meinen Blick nach oben – und schaute in den Lauf meiner Büchse … Der offensichtlich entnervte junge Mann fuchtelte wild damit herum und versuchte, Para und mich vor dem bösen Wildschwein zu retten. Mit aller Kraft meiner Stimme brüllte ich ihn an: „Waffe weg!!!“ Mit Erfolg. Hier also auch ein wenig Schwein gehabt, wenn auch auf eine ganz andere Weise. Der Überläufer war gering genug, so dass Para ihn auch am Steilhang einigermaßen binden und ich ihn schließlich mit der kalten Waffe abfangen konnte. Die Moral von der Geschichte: Vertraue deine Waffe nie einem dir nicht hinreichend bekannten Jäger an. Für mich, damals Mittvierziger, mit relativ stabilem Körpergerüst ausgestattet, blieb der Sturz am Steilhang ohne sonstige Folgen. Auch das beschriebene Ausweichmanöver vor dem attackierenden Keiler war noch möglich. Allerdings würde ich heute, vier Jahrzehnte später, solch einer sportlichen Herausforderung nicht mehr gerecht werden. Nicht nur der suchende Hund muss fit sein …

Uwe Tabel, ehemaliger Forstamtsleiter, geb. 1938 in Wittenburg/Mecklenburg, mit Drahthaar in der Vulkaneifel auf Nachsuche

Posavatz

Stephan Vogl

„Florian, bist du noch dran? Florian?" – „Ja, ich bin noch da." Seine Nummer hatte ich gespeichert, klingelte er doch ab und an mal bei mir durch und bat um eine Nachsuche. Aber heute hörte sich alles etwas anders an als sonst. Was stimmte nicht mit ihm? Ich sollte es erfahren. „Hast du Zeit für eine Suche?", klang es leise und schwach durchs Handy. „Ja sicher, wieder auf eine Sau?" Es dauerte erneut etwas, bis ich Antwort bekam. „Nein, was anderes." – „Oh", ich dachte schon weiter, „hat sich wohl ein Vertreter der echten Hirsche zu dir verirrt?" – „Da ist was passiert", antwortete er. „Aha, was denn?" Nun erfuhr ich schon mehr. „Gestern Nachmittag war ich, wie so oft, wieder unterwegs zu den Teichen, um die Fische zu füttern.

Also Routinearbeit, die flott von der Hand geht. Schauen, was Kormoran, Mink und Fischotter an den einzelnen Weihern so machen, dauert natürlich auch seine Zeit." Bei solchen Einsätzen wurde er neuerdings begleitet. „Emmy" war ihr Name, eine Vertreterin der Bracken. Eine Save-Bracke (auch Posavatz genannt), um konkret zu sein. In Kroatien ist diese Hunderasse relativ weit verbreitet, außerhalb ihrer Heimat aber fast unbekannt. Auch für mich waren vorher diese Jagdhunde ein unbeschriebenes Blatt.

Aber ich kannte Emmy bereits: eine quirlige und agile Hündin mit etwa 50 cm Stockmaß, stockhaarig, rotbraun mit weißen Farbabstufungen an Pfoten, Fang, Genick und Rutenspitze. Durch ihr freundliches und nettes Wesen gab es nie in irgendeiner Art und Weise Schwierigkeiten. Wäre da nicht eine große Portion Brackenblut in ihr. So nutzte sie manches Mal eine unaufmerksame Sekunde ihres Führers aus, um sich auszutoben. Auszutoben hinter Hase, Fuchs oder Reh, wie ihr heller, anhaltender Hetzlaut verriet. Mist, sie hat sich mal wieder selbstständig gemacht, dachte Florian und warf weiterhin den Forellen das Futter zu. Die bisherige Erfahrung zeigte, dass sie nach etwa einer halben Stunde zu ihrem Besitzer zurückkam, wenn sie ihrem Drang nicht widerstehen konnte und unbedingt ihrer Nase folgen musste. Diese Zeitspanne war aber noch nicht um, als Florian zwei ganz kurz hintereinander abgegebene Schüsse durchs angrenzende Fichtenaltholz hallen hörte, während er weitere Hände voll Futter ins Wasser streute. Vermutlich Schrotschüsse, vom dumpfen Klang her, dachte sich Florian. Wird sicher jemand beim Baujagen sein oder sich einen Waldhasen in den Rucksack stecken, und widmete sich weiter seinen Teichen. Minuten später: „Aha, Emmy, du Ausreißerin, bist du wieder da?" Florian war gerade auf dem Weg zu seinem Wagen, als auch die Hündin vom Wald auf die Wiese gelaufen kam. Aber wie?! Zaghaft humpelnd, blutüberströmt und ängstlich näherte sie sich ihm.

„Oh Gott, wie siehst du denn aus?“ Was war geschehen? Da gab’s kein langes Nachdenken. Emmy wurde in eine Decke gewickelt und ins Auto verfrachtet. Auf direktem Weg brachte Florian die verletzte Hündin zu seiner Tierärztin. Dort bestätigte sich seine Befürchtung. Die Aufnahmen des Röntgengeräts offenbarten Unfassbares. Emmy wurde eindeutig mit Schrot beschossen! Überall Körner. Ein Großteil davon auf der linken Keule, zwei im Brustraum, zwei in der Beckengegend, und eines war sogar im Behang zu sehen, hatte das Auge nur knapp verfehlt. „Und jetzt? Muss sie operiert werden? Wird sie bleibende Schäden zurückbehalten?“, lautete Florians bange Frage. „Nun ja“, entgegnete die Ärztin, „die Schrote zu entnehmen, gestaltet sich kompliziert, viel zu viel Gewebe würde zerstört werden. Für sinnvoller erachte ich, ihr das Nötigste zur Stabilisierung und Wundheilung zu verabreichen und abzuwarten. Ich kann mir vorstellen, dass sie künftig gut mit den Kügelchen im Körper leben kann und wahrscheinlich dadurch kaum beeinträchtigt sein wird.“ Zurück zum Telefonat. „Kannst du die Suche machen?“ – „Florian, ich kann dir nicht ganz folgen. Wie meinst du das?“ – „Naja, kannst du die Spur zurückverfolgen bis an die Stelle, an der das Unglück geschah?“ – „Du, tut mir echt leid, aber wie soll ich das machen? Eine Wundspur eines Hundes zu arbeiten? Und dann noch rückwärts? Das wird nicht funktionieren! Mein Enok ist doch gewohnt, Hundespuren zu ignorieren, nach Drückjagden zum Beispiel. Keine Chance! Ich wünsche dir und Emmy alles Gute und drück euch die Daumen“, so endete das Telefonat.

Ich begab mich ins Revier und ging meiner Tätigkeit nach. Aber immer wieder dachte ich an den gestrigen Vorfall. Immer wieder kreisten meine Gedanken um diese Geschehnisse. Sollte ich es doch versuchen? Wie würde mein Rüde reagieren, wenn er auf der Wundfährte eines Hundes angesetzt würde? Und wie würde ich ihn dazu bringen, rückwärts zu arbeiten? Damals in Springe, ich ging im dortigen Jägerlehrhof zur Berufsschule für Revierjäger, hatte Wilhelm Puchmüller, einer meiner damaligen Lehrer und bekannter Nachsuchenführer, erwähnt, im Urwald von Bialowieza (Polen) einen angeschossenen Wolf nachgesucht zu haben. Ohne Furcht und mit viel Interesse arbeitete damals sein „Söllmann" die besondere Wundfährte über sieben Kilometer weit. Mit der Erkenntnis, dass der Grauhund einen Streifschuss am Brustbein erhalten haben musste, der ihn nicht sonderlich schwächte, gaben sie schließlich ihre Arbeit auf.

Die Mittagszeit war gekommen, der Hunger vorangeschritten, und so fuhr ich nach Hause, um mich zu stärken. Wieder waren meine Gedanken bei Florian und Emmy, und mein Entschluss reifte mehr und mehr, es doch zu versuchen. Ich rief Florian an und teilte ihm mit, es nun doch probieren zu wollen. Mehr als schiefgehen konnte es ja nicht. Außerdem war jetzt Anfang Dezember Witterung und Temperatur gut, kein Regen oder Schnee die letzte Nacht, die äußeren Bedingungen wahrlich perfekt. „Ich bin um 14 Uhr bei dir, dann alles Weitere", sagte ich und legte auf. Die Örtlichkeit, an der sich alles abgespielt hatte, war mir bekannt. Ich war außerordentlich gespannt auf die Reaktion meines vierjährigen BGS-Rüden. Das Brustgeschirr war angelegt, auf Nachsuchenrepetierer und Ortungsgerät konnte ich verzichten, wir konnten loslegen. Es reichte, Enok einmal mit etwas Nachdruck aufzufordern, der Spur in die entgegengesetzte Richtung zu folgen. Daraufhin arbeitete er wie gewohnt. Die Wiese bis zum Waldsaum war schnell überwunden, ein Graben überquert, und so ging es im ebenen und leicht begehbaren Fichtenaltholz weiter. Immer wieder mal ein Tropfen Schweiß zeugte von der Richtigkeit der Arbeit.

Ich war fasziniert und verwundert zugleich. Was veranlasste meinen Hund, dieser Spur so sicher zu folgen? War es der wenige Schweiß durch die Schrote? War hier eine Art Wundwittrung für den Rüden zu erschnüffeln? Ich ließ ihn weiter gewähren, wollte ihn so wenig wie möglich beeinflussen. Hochkonzentriert, einen Haken hatte er gemeistert, ging die Suche ins Stangenholz. Eine kleine Unsicherheit bremste uns nur kurz aus, und wieder lag Enok sicher, wie selbstverständlich, im Riemen. Einem Grasweg zwischen zwei Dickungen folgten wir jetzt. Und siehe da, Bestätigung in Form von vereinzelten Schweißtropfen hatten wir hier auch wieder. Erneut verlief die Suche in einem lichten Altholzbestand, hier und da mit etwas Brombeerbewuchs und spärlichem Anflug von Tanne und Fichte. Körperlich anstrengend war es bis dato nicht. 800 Meter lagen hinter uns, aber jetzt war ein Punkt erreicht, an dem Enok nicht mehr weiterkam. Alles Bögeln und Kreisen half nun nichts mehr, intensiv bemühte sich der Rüde, etwas vorwärts bzw. rückwärts zu bringen – vergebens. „Florian, schau mal. Meinst du hier könnte es gewesen sein?" – „Hm, sehr gut möglich. Also, der Entfernung und Richtung der beiden Schüsse nach könnte es hier passiert sein." Aber jetzt ging jedenfalls absolut nichts mehr. Die Hoffnung, vermehrt Schweiß, eventuell ein paar Haare oder gar einen Schrotbeutel als Beweis zu finden, schwand auch. Das sah nicht gut aus! Noch einmal setzte ich meinen Rüden an, schlug noch größere Kreise und Bögen, doch wir fanden keinen neuen Ansatz. Es musste hier passiert sein, definitiv! Davon waren wir nach der sicheren Arbeitsweise felsenfest überzeugt und brachen die Arbeit ab.

Zwei Tage ließ ich verstreichen, ehe ich mich wieder bei Florian meldete und nach der Genesung Emmys erkundigte. „Ihr geht es den Umständen entsprechend gut", kam durchs Telefon. „Übrigens, ich war bei der Polizei und habe Anzeige erstattet." – „Mensch", sagte ich, „wir hätten doch gleich einen Polizisten zur Suche mitnehmen sollen. Wie geht's jetzt weiter?" – „Die recherchieren jetzt, nehmen Aussagen auf und hoffen auf etwas Verwertbares. Auch der Revierpächter der vermuteten Gegend sowie seine Begehungsscheininhaber werden befragt. Üblicherweise wird das allerdings dauern." – „Nun gut, ich melde mich wieder", verabschiedete ich mich. Wochen später, ich telefonierte wieder mit Florian, erfuhr ich, dass wie vermutet bei dieser

Sache nichts rausgekommen war. War ja klar, dass keiner die Hand nach oben streckt und sagt: „Ich war's." Letztendlich reichten die spärlichen Beweise nicht, den Schützen zu überführen. Wir sind uns ziemlich sicher, wer der verantwortliche Übeltäter war, aber es fehlten die Beweise, um das hieb- und stichfest zu belegen. Abschließend noch ein Wort über die Gesetzeslage, was wildernde Hunde anbelangt. Natürlich ist diese mir bekannt, und selbstverständlich gibt es nach wie vor Einzelfälle, in denen Hunde die gesetzlichen Bestimmungen übertreten – oder besser gesagt deren Besitzer. Ein angeborener Jagdtrieb steckt doch in fast allen Vierbeinern. Um diesen in den Griff zu bekommen, gibt es eine Reihe von Mitteln in der Hundeerziehung. Solche Ausreißer zu 100 Prozent zu verhindern, ist jedoch äußerst schwierig. Einen Schuss auf einen Hund (Jagdhund) abzugeben, der sich mal selbstständig gemacht hat, ist leichtfertig und rücksichtslos. Hinterlassen sie doch alle ihre Pfotenabdrücke in unserem Herzen.

Warum berichte ich gerade über diese Suche? Eigentlich doch unspektakulär, keine kilometerlange Riemenarbeit, keine lange Hetze, kein ausdauerndes Stellen eines Stückes, Stehzeit nicht 32 oder 48 Stunden und auch keine 60 Millimeter Niederschlag auf der Fährte. Oftmals sind unsere vierläufigen Jagdhelfer in gewissen Situationen überfordert bzw. unzureichend abgeführt oder einfach unerfahren. Anderseits traut man seinem Hund zu wenig zu. Also wie überall. Auf die richtige Dosis kommt es an. Wenigstens ist Emmy heute wieder wie eh und je voller Elan, nimmt so manche herbstliche Bewegungsjagd mit und begleitet, trotz nach wie vor zahlreicher Schrote im Körper, ihren Führer auf Schritt und Tritt. Posavatz ist eben hart im Nehmen.

Stephan Vogl, Jahrgang 1976, sucht mit Bayerischem Gebirgsschweißhund nach im Raum Oberpfalz/Ostbayern

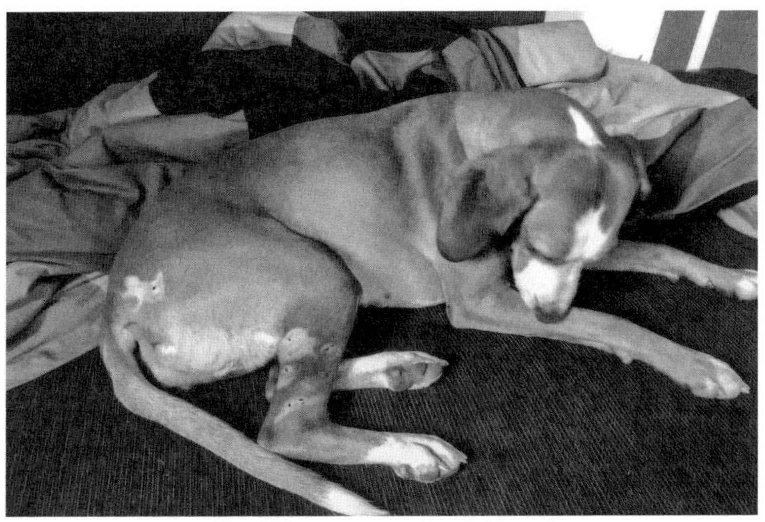

Tage nach dem „Beschuss“ sind noch deutlich die Verletzungen zu erkennen.

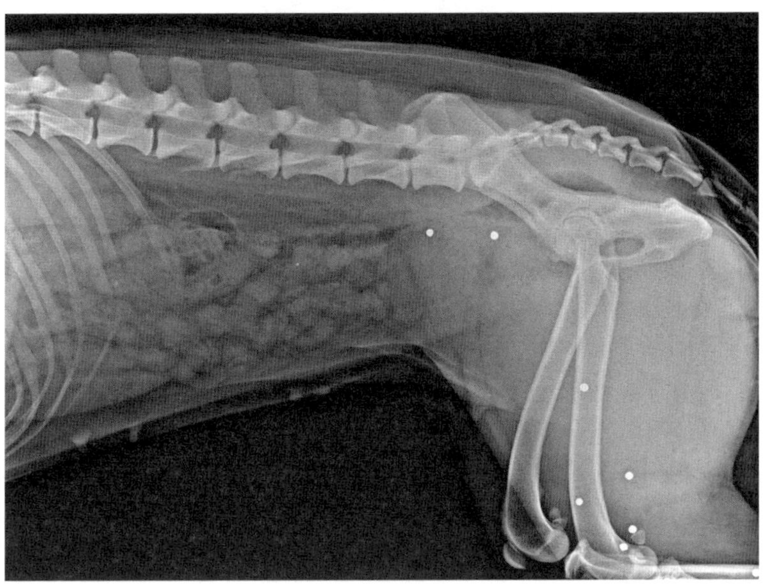

Das Röntgenbild macht Anzahl und Treffersitz der Schrotkörner sichtbar.

Keiler-Triple

Matthias Meyer

Keiler sind in der Jagdstrecke, und damit auch in den Aufzeichnungen der Schweißhundeführer, im Vergleich zur Häufigkeit dieser Wildart eher schon die Ausnahme. Wenn ich von Keilern rede, meine ich ausgewachsenes männliches Schwarzwild mit einem entsprechenden Gewaff und Gewicht jenseits der 90 Kilogramm aufgebrochen, nicht etwa Überläufer oder junge Keilerchen, die in der Jägerschaft gern dazu gemacht werden. Umso erstaunlicher ist die Tatsache, dass innerhalb von zwei aufeinanderfolgenden Tagen gleich drei erfolgreiche Nachsuchen auf Keiler unter jeweils besonderen Umständen mit demselben Hund zustande kamen. Der Hannoversche Schweißhund „III Asko vom Ibengarten“ hat schon sehr früh seine Passion für starke Keiler entdeckt. Unterstützt durch eine Vielzahl von Drückjagdnachsuchen in Jagdgattern, die für eine hohe Zahl an guten Keilern bekannt sind, bekam der noch junge Rüde schnell Erfolge und entsprechendes Oberwasser. Als Typ des mittelschweren Schlags mit einer sehr guten Bemuskelung und Kondition fiel ihm insbesondere das Hetzen nicht schwer. Mit seiner entschlossenen Wildschärfe und zunehmender Griffigkeit entfiel bei ihm die für die Schweißhunderassen typische lange und ausdauernde Hatz. Selten ging bei ihm eine Hetze weiter als dreihundert Meter, zu schnell war er am kranken Wild und zwang es erbittert in den Bail.

Er entwickelte folglich eine ausgesprochene Passion für starke Keiler, mit denen es nicht selten handfeste Raufereien in Suhlen und Teichen gab. Entgegen der Manier meiner anderen Schweißhunde, die alle nach spätestens fünfzig Nachsuchen, versehentlich an einem gesunden Stück geschnallt, die Hetze abbrachen und sich erneut an den Riemen nehmen ließen, ließ es sich Asko nie nehmen, zu changieren, wenn wir während einer Arbeit zufällig die frischere Fährte einer starken Sau kreuzten. Seine Erfolge sprachen sich schnell in der Jägerschaft herum. Ende November klingelte spät abends das Telefon. Der Jagdaufseher einer größeren Gemeindejagd nahe der Kreisstadt meldete sich aufgeregt und erzählte folgenden Sachverhalt: Bereits am Vorabend saß er auf Füchse an einem gut besuchten Luderplatz auf einer Wildwiese des nahen Stadtwalds an. Da in der Region immer mal wieder mit Schwarzwild zu rechnen ist, nahm er seine Repetierbüchse im Kaliber 7×64 mit. Gegen 22 Uhr gewahrte er einen dunklen massigen Wildkörper, der sich aus dem Mondschatten des gegenüberliegendem Waldrandes auf die vom Raureif hell glitzernde Wiese schob. Misstrauisch und unruhig zog die mittlerweile als starker Keiler angesprochene Sau hin und her. Dem Jäger entging das nervöse Verhalten keineswegs, weshalb er schnell entschlossen die

Büchse lautlos aus dem Fenster schob, das Absehen vorne aufs Blatt setzte und schoss. Im Knall knickte das Stück deutlich vorne ein, drehte sich und war genauso schnell wieder vom Waldrand verschluckt, wie es erschienen war. Anfangs glaubte der Jagdaufseher an eine Sinnestäuschung. Erst sehr viel später konnte er, nachdem das Jagdfieber abgeklungen war, einen klaren Kopf fassen. Zudem hatte er ja auch die abgeschossene Patronenhülse herausrepetiert, was das eben Erlebte für ihn nun doch Realität werden ließ.

Seit Jahren war in seinem und den umliegenden Revieren des Hegerings ein starker Keiler bekannt. Nie wurde er gesehen, nur seine Fährte tauchte immer wieder sporadisch auf. So langsam fixierte sich die Idee, den Monsterkeiler, den Alten Fritz, wie ihn die Jäger nach dem Hegeringleiter, seinem ersten Entdecker scherzhaft tauften, nun womöglich gestreckt zu haben. Sich vorbildlich verhaltend oder aus Furcht suchte der Jagdaufseher nicht gleich den Anschuss auf, sondern fuhr nach Hause und verständigte einen Jagdkollegen. Beide standen wenig später im Schein der Taschenlampe am Anschuss. Doch hier fanden sie nichts außer den tiefen Eingriffen im weichen Wiesenboden. Sinnvollerweise verschoben sie die Nachsuche auf den nächsten Morgen bei Tageslicht. Zusammen mit dem örtlichen Nachsuchenführer und seinem erfahrenen Deutsch-Kurzhaar ergab auch die morgendliche Kontrolle keine neuen Erkenntnisse. Der an den Anschuss gebrachte Hund sog interessiert die Wittrung ein, zog erst enge Kreise und fädelte dann auf den Abgang der Fluchtfährte ein. Konzentriert und bedächtig erledigte der alte Deutsch-Kurzhaar seinen Job. Die Fährte ging durch einen Graben und verließ den Wald, schlängelte sich in der Ackerfurche entlang zu einem dichten Heckenstreifen. Erst jetzt, nach rund 300 Metern, zeigte der Hund den ersten Schweiß, der nun zwar spärlich, aber doch regelmäßig die richtige Arbeitsweise des Hundes unterstrich. Nach gut eineinhalb Kilometern Riemenarbeit zog der Kurzhaar nun wieder innerhalb eines größeren Waldstücks auf eine langsam schon herauswachsende Fichtendickung zu, in die man kniend einige Meter weit schauen konnte. Am Dickungsrand wurde der Hund in der Fährte abgelegt und das weitere Vorgehen besprochen.

Der Nachsuchenführer und der ihn begleitende Schütze kontrollierten nun nochmals ihre Waffen. Beide führten Kurzwaffen zu dieser Nachsuche, der Hundeführer eine Selbstladepistole im Kaliber 9 mm und der Schütze einen Revolver .357 Mag. Keiner von beiden hatte eine Langwaffe dabei – ein schwerwiegender Fehler, wie sich bald herausstellen sollte. Nach wenigen Metern in der Fichtendickung stand der Deutsch-Kurzhaar fest vor, ein Zeichen, dass der Keiler vor ihm im Wundkessel sitzen musste. Aus Angst, sein Hund könne bei einer Hetze geschlagen werden, bemühte sich der Hundeführer, das kranke Stück vor dem vorstehenden Hund im Wundbett zu erlegen. Der Keiler stand plötzlich vor ihnen auf keine zehn Meter Entfernung auf. Der Nachsuchenführer feuerte alle 12 Patronen seiner Sig Sauer schräg von vorne auf den Trägeransatz der Sau. Zeitgleich schoss der Schütze ebenfalls noch fünf .357-Patronen aus seinem Revolver. Erst jetzt reagierte der Keiler, kam näher und entwaffnete kurzerhand den Hundeführer und öffnete ihm beide Unterarme gute 25 Zentimeter, die dieser sich schützend vor das Gesicht gehalten hatte. Dann tauchte er in der Dickung unter. Der verletzte Nachsuchenführer ließ sich vom angeforderten Krankenwagen ins nahe Krankenhaus bringen. Unterdessen führte ein weiterer Jäger mit einem Deutschen Jagdterrier die unterbrochene Nachsuche an dem trüben Novembernachmittag fort. Trotz vorgestellter Schützen und dem überpassionierten Gespann stellte sich kein Erfolg ein, weshalb man auf Anraten des Hundeführers den Einsatz abbrach. Er vermutete, dass der Keiler nur eine relativ unbedeutende Wildbretverletzung erlitten habe. Soweit also die Vorgeschichte, die der verzweifelte Jäger mit der Bitte abschloss, ob ich mit dem Spezialisten die Sache nochmal kontrollieren würde. Ich vereinbarte für den nächsten Morgen beim Hellwerden ein Treffen. Während der Fahrt dorthin kam ein weiterer Nachsucheneinsatz telefonisch herein. In der zweiten Nachthälfte wurde ein Keiler rund dreißig Kilometer entfernt in die andere Richtung beschossen. Gefundener Schweiß bestätigte den Treffer. Da ich den Ausgang der ersten Keilernachsuche nicht einschätzen konnte, gab ich diesen Fall an meinen Kollegen und seinen BGS-Rüden weiter, um keine wertvolle Zeit zu verlieren. Wir wollten uns je nach Sachstand oder Ausgang später zusammenrufen.

Da seit dem Anschuss mittlerweile rund vierzig Stunden vergangen waren, ließ ich mich zu dem Platz bringen, wo die Rauferei stattgefunden hatte. Immerhin gab es dort sichere Bestätigung, die zudem rund zehn Stunden frischer war. Vor Ort ließ ich den Rüden am halben Riemen den gesamten Dickungskomplex von etwa 20 Hektar Größe vorsuchen. Als wir wieder zum Ausgangspunkt kamen und den Kreis schlossen, zeigte der erfahrene Hund keinen Auswechsel der kranken Sau. „Dem Rüden nach steckt der kranke Keiler nach wie vor in der Dickung", war meine knappe Antwort, die der Schütze nachdenklich zur Kenntnis nahm. Wir organisierten drei weitere Jäger, die sich mitsamt dem Schützen an den vermeintlich bekannten Wechseln außen vorstellen sollten, während ich mit Asko den „Kampfplatz" unter die Lupe nahm. Nur sehr wenige Tropfen Wildbretschweiß verwies der Rüde in bekannt abgeklärter Manier, bevor er sich für eine Richtung entschied. Ich hatte zu meiner eigenen Sicherheit – immerhin suchten wir einen verärgerten „Monsterkeiler" – noch meine braune Wachtelhündin „Jafra vom Fuchshohl" dabei. Sie jagt sehr scharf und kompromisslos am Schwarzwild. Zudem war sie es gewohnt, quasi als Satellit bei unübersichtlichen Suchen in dichtem Gelände um mich und den Schweißhund zu kreisen, ohne gesundes Wild lange zu stöbern und die eigentliche Nachsuche zu stören. Asko suchte sehr ruhig mit tiefer Nase vom Zentrum der Dickung geradewegs Richtung Dickungsrand. Dann wendete er noch vor dem Bestandesrand, um den Widergang an mir vorbei wieder in die Tiefe der Dickung zu arbeiten. Das gleiche Prozedere wiederholte sich einige Male sternförmig. Längst war mir bewusst, dass der kranke Keiler wohl während der Suche mit dem „am langen Riemen stöbernden" Terrier versucht hatte, die Dickung zu verlassen, aber jedes Mal rechtzeitig die auf der Forststraße abgestellten Jäger gewahrte.

Nach gut einer Stunde Puzzlearbeit hörte ich außerhalb der Dickung plötzlich ein Reh klagen. Die Wachtelhündin hatte ein Reh an einem Kulturzaun gefangen. Als Asko zum siebten oder achten Male zum Widergang wendete, erkannte ich schemenhaft einen der vorgestellten Jäger und bat ihn, das Reh abzufangen, als ich im selben Moment einen heftigen Schlag von hinten an meine Waden spürte, der mich rücklings zu Fall brachte. Da lag ich nun wie ein Maikäfer auf dem Rücken und auf meiner Nachsuchenwaffe. Über mir war kurzzeitig der Keiler, den der Schweißhund, ohne zu zögern am langen Riemen hängend an den Keulen fasste. Wie aus dem Nichts gesellte sich Jafra hinzu und unterstützte ihn, indem sie die starke Sau am Teller hielt. So war der Keiler abgelenkt, ich konnte mich aufrichten und ihm einen aufgesetzten Schuss auf das Blatt setzen, ohne die Hunde zu gefährden. Der verdeckt im Wundkessel sitzende Keiler hatte den Hund und mich außer Wind passieren lassen und dann aus dem Hinterhalt zugeschlagen. So standen wir wenige Minuten später alle an dem gestreckten Stück. Nun ja, es war nicht der „Alte Fritz" mit seinen 150 Kilo, sondern vielleicht sein Sohn oder Enkel, ein strammer dreijähriger Keiler von etwa zwei Zentnern aufgebrochen. Nach der sehr umfangreichen Vorgeschichte interessierten mich nun brennend zwei Dinge. Wo saß der erste Schuss, und warum war der Keiler nicht nach der Vielzahl der auf kurze Distanz abgegebenen Kurzwaffenschüsse längst verendet? Um eine befriedigende Antwort zu bekommen, bat ich darum, noch in meiner Anwesenheit den Keiler warm abzuschwarten. In der Wildkammer des Erlegers erkannten wir dann, dass der erste Schuss perfekt mittig auf der linken Blattschaufel saß. Beim Lüften des Blattes stellten wir fest, dass das Schulterblatt wohl massive Risse hatte, das TIG-Geschoss aber nicht den Knochen durchschlagen hatte! Dieselbe Erfahrung machte ich wenige Jahre zuvor bereits bei einer Suche auf einen starken Rothirsch in Bad Berleburg.Die zweite Überraschung ließ auch nicht lange auf sich warten. Von den fast zwanzig auf eine Distanz von zehn Metern abgefeuerten Kurzwaffengeschossen steckten lediglich drei in dem Keiler in der handbreiten Schicht Weißem direkt unter der Schwarte. Sie waren noch nicht einmal bis zur Muskulatur, geschweige denn bis in die Kammer zu den lebenswichtigen Organen durchgedrungen. Ob die restlichen Projektile den Keiler komplett verfehlten oder an der dicken Schwarte mit den harten Winterborsten abgelenkt wurden, konnten wir nur mutmaßen.

Während der Rückfahrt erreichte mich der Anruf und Report meines Kollegen: Bei dem von ihm nachgesuchten Keiler handelte es sich ebenfalls um eine grobe Sau. Aufgrund der schlechten Lichtverhältnisse hatte der Schütze vermutlich vorne und hinten verwechselt und dem Keiler den Schuss eine Handbreit über den Pinsel tief ins kleine Gescheide gesetzt – in der Annahme, er käme auf dem Herzen ab. Die Riemenarbeit umfasste gute dreieinhalb Kilometer bis an eine größere Schwarzdornfläche, die den Übergang vom Buchenaltholz zu einem weitläufigen Trockenrasen bildete. Nach einer Vorsuche um den dichten Einstand zeigte sein Hund an, dass das kranke Stück dort stecken müsste. Am Einwechsel folglich geschnallt, nahm der Rüde zögerlich den Dornenkomplex an, gab wenig verhalten Laut und weigerte sich, erneut an die Sau zu gehen. Ratlos und etwas geknickt bat der Kollege mich und meinen Rüden um Unterstützung. Eine halbe Stunde später traf ich dort ein. Längst war der Schwarzdorn von einigen Jägern umstellt. Ich vergewisserte mich beim Jagdausübungsberechtigten und meinem Kollegen, dass alle sich darüber im Klaren sind, dass nur nach außen geschossen werden darf. Nach einer kurzen Lagebesprechung und Ortsbesichtigung verständigte ich mich mit meinem Kollegen, dass er in einem Tunnel im dichten Schwarzdorn Stellung beziehen sollte. Dieser Durchschlupf verlief im rechten Winkel zu dem, in den ich einschliefen wollte. Mein Plan war, den Rüden zum Stellen zu schnallen und dann nach ihm ebenfalls den Tunnel kriechend anzunehmen. Mir war klar, dass der Rüde gleich nach dem Schnallen den Keiler finden und attackieren würde. Ich wusste aber auch, dass ich ihn aus dem Bail abrufen konnte, wenn er nicht weit vor mir war. Meine Idee war, dass ich Asko abrufen würde, der aufgebrachte Keiler ihm in dem Tunnel folgen würde und somit mein Kollege den Fangschuss im rechten Winkel antragen konnte, sobald der Keiler quer zu ihm erschien.

Bis zum Stellen verlief alles nach Plan, doch brauchte es drei Versuche mit energischem Befehl, dass der Rüde von der Sau abließ. Tatsächlich glückte auch der erste Fangschuss und ließ den Keiler noch an Ort und Stelle zusammensacken. Nach heftigem Schütteln und der Inbesitznahme durch Asko konnten wir den Schwarzdorn wieder auf allen Vieren verlassen. Draußen wiesen wir die zuständigen Jäger in die Sachlage ein und verabschiedeten uns. Die anstehende Bergung gestaltete sich sicher aufgrund der beengten Lage und der Stärke des Keilers schweißtreibend. Unsere Aufgabe war mit der Wiederherstellung der Sicherheit und dem Ende der weidgerechten Nachsuche jedoch beendet.

Der folgende Morgen war für die Bereitschaft zur Nachsuche anlässlich einer Drückjagd in einem großen Jagdgatter reserviert. Nach dem ersten Treiben ergaben sich zwei Kontrollsuchen auf Damwild und zwei Totsuchen auf Frischlinge. Das zweite Treiben endete kurz vor Mittag. Zur Aufnahme bei einem Schützen stand eine Nachsuche auf einen größeren Überläufer an, der am Ende einer stärkeren gemischten Rotte außen an einem Kulturzaun lief. Der Schütze wähnte sich sicher, die letzte Sau auf geringe Entfernung beschießen zu können. Doch er erkannte das Ende des Zaunes erst, als die flüchtige Rotte unvermittelt im rechten Winkel abbog. Verdutzt und nach einer verlängerten Schrecksekunde konnte er sich wohl nicht damit abfinden, als Schneider aus der Situation herauszugehen und beschoss besagten Überläufer spitz von hinten, wie sich später am Stück rekonstruieren ließ. Am Anschuss fanden sich lediglich wenige Tropfen Schweiß und ein größerer Brocken Wildbret. Da aufgrund der gefundenen Pirschzeichen nicht mit einer kurzen Totsuche zu rechnen war, begab auch ich mich erst zum Essen, um dem Stück wenigstens etwas Zeit zum Krankwerden zu geben. Der Jagdleiter einer Drückjagd steht oftmals in der schwierigen Position, eine Nachsuche bereits nach kurzer Stehzeit beginnen zu lassen, um das Wildbret noch ausreichend verwerten zu können. Das kann mitunter die richtige Entscheidung sein, mitunter aber auch nicht. Insbesondere Laufschüsse oder andere Verletzungen am Rande des Wildkörpers haben bei dem unter Adrenalineinfluss stehenden Wildtier noch kein ausreichendes Wundfieber entstehen lassen, damit der Hund es erfolgreich zu Stande hetzen kann. So kommt es immer wieder zu Fehlhetzen mit anschließend unnötig schweren Nachsuchen, die oft im Sande verlaufen und dann ein Siechtum für das Tier bedeuten. Aber auch genauso häufig kann es am Ende der Riemenarbeit zu unvorhergesehenen Unfällen kommen, wenn wehrhaftes Wild noch nicht verendet ist und das Nachsuchengespann im dichten Einstand aufläuft und angenommen wird.

Zwei Stunden nach dem Beschuss legte ich meinen Hannoverschen Schweißhund Asko zur Fährte, die er heftig annahm. Stramm im Riemen führte die Rottenfährte einige Hundert Meter schräg den Hang hinauf zu einer ausgedehnten Buchennaturverjüngung. Oben, kurz vor dem Plateau, zeigten die Wechsel dann nicht mehr die Rottenfährte, sondern nurmehr eine starke Einzelfährte. Ich glaubte erst an eine Verleitung, die der Rüde angefallen habe, doch wenig später reiserte er an den braunen Buchenblättern und verwies abgestreiften Schweiß. Die kranke Sau hielt weiter den Wechsel. Nach weiteren hundert Metern verwies Asko das erste Wundbett und nur wenige Meter dahinter ein weiteres. Plötzlich raschelten die Buchenrauschen vor uns und der Rüde zeigte durch den energischen Versuch, sich vom Riemen abzuschneiden, dass wir am Stück waren und er geschnallt werden wollte. Er stand heftig lautgebend im Riemen, so dass das Schnallen nicht so einfach war. Halsung ab und weg war der drahtige Rüde. Gute einhundert Meter schräg unter mir vernahm ich Kampfgeräusche, dann ein Klagen des Hundes und danach Ruhe. Mir war sehr unwohl, bis ich kurz darauf wieder beständigen Standlaut hörte. Langsam ging ich den Standlaut von oben her an. Hund und Sau – kein Überläufer, sondern ein wirklich guter Keiler – waren immer wieder in den kleinen Lücken in den Buchenrauschen zu sehen. Als der gestellte Keiler mich wahrnahm, machte er einen heftigen Ausfall auf den Hund, warf ihn zur Seite und nahm mich unvermittelt an.

Da der Keiler sehr schwer war und den Hang zu mir herauflaufen musste, wartete ich mit der Büchse im Voranschlag. Als er auf wenige Meter heran war, traf ihn der Fangschuss mit der 9,3 spitz von vorn auf das Haupt und ließ ihn augenblicklich verenden. Asko hatte derweil aufgeschlossen und kühlte seinen Zorn an dem Keiler, der in keiner Weise gehandicapt war. Der Schuss spitz von hinten hatte nur den hinteren rechten Keulenrand von innen nach außen getroffen und ein Loch ins Wildbret gestanzt, ohne den Knochen zu treffen. Ich untersuchte meinen Hund auf Verletzungen, konnte aber neben der von den scharfen Waffen bis auf einen Zentimeter durchtrennten Signalhalsung nur einen langen Strich erkennen, wo dem Rüden die

Haare seiner Halshaut abrasiert waren – Glück gehabt, mein Freund! Zu unseren Füßen lag ein weiterer guter Keiler jenseits der 100-Kilogramm-Marke – und das in nur zwei Tagen. Ein seltenes Weidmannsheil mit Umständen, die durchaus in unterschiedlichen Bereichen Anlass zur Reflexion geben. Nicht auszudenken, was alles hätte noch passieren können, wenn die Nachsuchen von unerfahrenen Jägern und Hunden gemacht worden wären oder wenn die durch fahrlässige Jagdausübung verursachten Gefahren in Gestalt der angeschweißten Keiler unschuldige Dritte getroffen hätten.

Wildmeister Matthias Meyer, Jahrgang 1966, Schweißhundestation mit Deutsch Langhaar begonnen, jetzt Hannoverscher Schweißhund. Sucht in Bayern, nördlichem Schwaben und südlichem Mittelfranken sowie Uckermark

Dänischer Marathon

Tatjana Puchmüller

Woran ich in all den Jahren immer gern, aber auch mit gehörigem Respekt zurückdenke, war die Möglichkeit, im Jahr 2009 meinen ersten Hannoverschen Schweißhund „Alp Gelbensande-Mecklenburg 2563" (Verein Hirschmann) zur Hauptprüfung in Dänemark führen zu dürfen. Dieses wurde möglich durch eine enge freundschaftliche Verbindung mit einigen dort ansässigen Schweißhundeführern. Eine ganze Woche lang suchten „Alp" und ich so viele Stücke Rotwild von Einzel- und Drückjagden nach, wie noch nie zuvor in so kurzer Zeit. Hier, in unseren Heimatrevieren in Mecklenburg-Vorpommern arbeiten wir zu 90 Prozent Schwarzwild, so dass dieses eine tolle Gelegenheit für meinen Rüden und mich war.

Wer sich allerdings mit der Rotwildpopulation in Dänemark ein bisschen auskennt, der weiß, dass dort in fast jeder „Plantage" (also in den Wäldern) des Festlandes so viel Rotwild vorkommt, dass dort kein Grün mehr am Boden zu finden ist und somit die Verleitungen extrem hoch sind. In dieser besagten Woche waren leichtere Arbeiten dabei, wie zum Beispiel weidwunde Stücke mit kurzen Hetzen und schnellen Erfolgen für den Rüden, Totsuchen, einer Fehlsuche und Kontrollen. Auch einen laufkranken Rotspießer brachten wir zur Strecke, den ich mit einem dänischen Fernsehteam (HuntingNews TV) im Nacken über mehrere Kilometer nachsuchte. Die Hetze endete schließlich inmitten einer Sommerferienhaussiedlung. Dort angekommen, trug ich dem Spießer von der erhöhten Terrasse aus im Garten eines Ferienhauses den Fangschuss an. Natürlich wurde dies alles von dem schweißgebadeten Kamerateam in Bild und Ton festgehalten, dass mich mit sämtlichem Equipment bis dahin über 1,5 Kilometer durch die dänischen Küstenkiefern begleitet hatte. Das war ein tolles Erlebnis, welches allerdings nicht als Hauptprüfungsarbeit gewertet werden konnte, weil zu diesem Zeitpunkt noch ein zweiter Richter fehlte, der erst später anreiste.

Den Höhepunkt bildete am letzten Tag die Nachsuche auf ein Alttier mit einem Vorderlaufschuss. Das Stück wurde am Vortag bei einer Drückjagd beschossen und nach der Jagd bereits durch einen Drahthaar angesucht und leider auch angehetzt. Der Hund kehrte allerdings erfolglos zurück. Nun war Alp am Zuge. Bei -5 °C und wenig Restschnee legte ich meinen Rüden knappe 24 Stunden später zur Fährte. Am Anschuss, an einer typisch dänischen Kiefernplantage, fanden sich kurze Schnitthaare und ein paar kleinere Röhrenknochensplitter. Nachdem Alp den Anschuss interessiert bewindet hatte, folgte er der Fährte stramm im Riemen liegend. Dieses Mal waren zwei Prüfer des Vereins Hirschmann und zwei weitere Begleiter als Corona dabei. Mit dieser Delegation im Rücken war ich nicht gerade im Ruhepulsmodus, ging es doch nun um das Bestehen der Hauptprüfung. Der Rüde arbeitete zielstrebig die Fährte auf dem gefrorenen Boden aus. Es ging aus dem Wald hinaus, über eine Straße, dann auf Felder hinaus und über Wiesen hinweg. Nirgends war ein Tropfbett oder gar ein Wundbett zu finden. Lediglich ein paar Spritzer Schweiß waren ab und zu an dem einen oder anderen Grashalm, auf Blättern oder Nadeln am Boden zu finden. Es folgten dann kleinere Heidebereiche, Hecken und schmale Bachläufe, die das Stück durchquert hatte. Besonders auf den Heideflächen hatte ich riesige Probleme, Schweiß zu finden, denn der Anblick von Schweiß auf dem roten Heidekraut war mir aus den heimischen Revieren so gar nicht bekannt. Somit erschien mir einfach alles rot, was die Bestätigung der Richtigkeit der Fährte nicht besser machte. In der Folge hatte das Stück einen breiteren Graben durchquert, was man an dem eingebrochenen Eis gut erkennen konnte, und war über eine weitere Heidefläche in eine größere Plantage gezogen.

Dort hatte Alp auf einmal riesige Probleme, die Fährte zu halten, da es hier wirklich sehr viele Verleitungen durch anderes Rotwild gab, dass sich hier wohl längere Zeit aufgehalten hatte und nun vor uns aus dem Wald gewechselt war. Inzwischen hingen wir schon über drei Kilometer der Fährte nach und waren noch immer nicht auf ein ein Wund- oder Tropfbett gestoßen. Wir versuchten aus dieser immensen Verleitung herauszukommen, indem ich den Rüden immer wieder vorsuchen ließ. Wir schlugen immer größer werdend Bogen für Bogen, um den Abgang des Stückes zu finden. Der Rüde mühte sich, aber er fand keinen Abgang. Pause. Immer wieder Pause, Wasser geben und ausruhen. Mehr konnte ich nicht für ihn tun. Dann wurde schon nach dem dänischen Kontrollhund geschickt, der 20 Minuten später da sein sollte, um unsere Arbeit zu beenden, was zum Nicht-Bestehen der Prüfung geführt hätte. Die Zeit drängte, und so versuchten Alp und ich ein letztes Mal, aus diesem Desaster herauszufinden. Und auf einmal platzte endlich der Knoten! Der Rüde arbeitete, als wenn es nie ein Problem gegeben hätte. Weiter ging es über Felder, durch Hecken, über Wiesen hinweg, bis wir zu einer mehrere Hektar großen, etwa fünf Meter hohen, bürstendichten Fichtendickung kamen. Am Einwechsel wurde uns durch einen winzigen Tropfen Schweiß bestätigt, dass wir richtig waren. Steckte das Stück hier nun endlich? Kaum eingetaucht in die grüne, nadelige Hölle, polterte es auch schon vor uns, und der Hund zeigte mir unmissverständlich an, dass er geschnallt werden wollte. Im angezeigten ersten Wundbett fand ich mit dem Taschentuch tatsächlich auch ein wenig Schweiß. Gott sei Dank! Damit war nun alles klar!

Ich schnallte meinen Rüden, und los ging die schnelle Hatz. Fährtenlaut verfolgte der Rüde das Stück aus der Dickung heraus und war bald darauf nicht mehr zu hören. Dank des Ortungsgerätes konnten wir dem Hund aber schnell folgen. Der Kompass auf dem Display führte die Richter, die Corona und mich zu einer riesigen Heidefläche, auf der nur wenige einzelne Kiefern wuchsen. Und genau von der Mitte dieser Fläche ertönte der tiefe Standlaut meines Rüden unter zwei Kiefern. Was war das doch für ein Glücksgefühl. Gänsehaut am ganzen Körper, als ich meinen Alp dort stellen sah! Jetzt war nur noch eine letzte Hürde zu überwinden, denn es war schwierig, an das Stück heranzukommen, da es uns schon aus größerer Entfernung eräugen konnte. Doch der Rüde bedrängte das Stück so hart, dass es nicht mehr wegflüchten konnte. Schließlich gelang mir der Fangschuss, und das kranke Alttier konnte endlich erlöst werden. Alle Beteiligten waren sehr erleichtert, dass die Arbeit doch noch gut ausgegangen war. Die Richter kontrollierten das Stück auf die Schwere der Verletzung und die Richtigkeit des Ansprechens der Schussverletzung. Das Alttier hatte einen Vorderlaufschuss rechts oberhalb des Karpalgelenkes, das Brustbein war unversehrt. Nun wurde das Stück versorgt und dann – noch auf der Heide stehend – erst einmal ein dänisches Erfrischungsgetränk eingenommen, um den Erfolg zu feiern. Ich glaube heute, dass mir während dieser Nachsuche die ersten grauen Haare gewachsen sind, so aufregend war es damals für mich. Die Strecke der Riemenarbeit betrug 5,2 Kilometer (gerechnet ohne Bögen und Vorsuchen), und für die Länge der Hetze zeigte das Ortungsgerät 1,5 Kilometer an. Die Hauptprüfung war somit bestanden!

Wildmeisterin Tatjana Puchmüller, geboren 1978 in Hameln, sucht mit Hannoverschem Schweißhund im Großraum Rostock

Führerin und Hund erschöpft, aber glücklich am Ende der Fährte auf der Hauptprüfung in Dänemark.

Vertrauen geschenkt – Vertrauen gewonnen!

Denis Marschallek

Wer lange mit einem Hund auf der roten Fährte gearbeitet hat und einen Nachfolger allmählich heranführen will, muss sich auch als Führer stets umstellen, die Eigenarten des Hundes kennenlernen und Vertrauen aufbauen. Mit meiner Hündin „Eyla" habe ich viel erlebt – von atemberaubenden kilometerlangen Suchen bis hin zu aufregenden Hetzen. Nun trat eine Situation ein, in der ich zum ersten Mal auf ihren Nachfolger „Gerd" zurückgreifen musste, da die schon etwas betagte Eyla am Vortag durch eine äußerste schwierige Nachsuche stark beansprucht wurde. Gerd, der junge Hannoversche Schweißhund, genoss mein volles Vertrauen, aber wir hatten beide noch nicht die große Praxis miteinander absolviert. „Gerd von der Fährtentreue“ hatte mit Bravour seine Vorprüfung im ersten Preis gemeistert, was seine Fähigkeiten und seine Hingabe für die Jagd deutlich unterstreicht. Wir konzentrierten uns in der Gesellenphase auf zahlreiche eher einfache Nachsuchen. Schritt für Schritt und Stück für Stück wuchsen wir zu einem Team. Deutlich war zu beobachten, wie Gerd mit jedem Meter, den er auf der Wundspur zurücklegte, an Selbstsicherheit gewann. So entwickelte sich die Zuversicht, sich mit dem dem Rüden auch auf größere Herausforderungen einlassen zu können.

Am 11. Januar 2023 läutete mein Telefon morgens um 6:00 Uhr und riss mich aus dem Schlaf. Eine Stimme drang durch den Hörer: „Denis, könntest du bitte zu einer Nachsuche kommen? Schweiß ist vorhanden.“ Wir vereinbarten, uns um 8:00 Uhr an einem bestimmten Punkt zu treffen. Wir trafen beide pünktlich am vereinbarten Ort ein. Ich entschied mich, diese Nachsuche mit dem jungen Hannoverschen anzugehen. Ich wollte Gerd eine Chance geben, damit er sein Potenzial unter Beweis stellen kann. Also machten wir uns auf den Weg zum Anschuss. Währenddessen tauschte ich mich mit dem Schützen aus, um alle wichtigen Details wie Größe, Zeichnen, Fluchtrichtung usw. zu erfahren. Bei dem besagten Stück Schwarzwild sollte es sich um einen 50-Kilo-Keiler handeln, der mit einer .30-06 beschossen wurde. Am Anschuss wurde mir sofort klar, dass es sich hier nicht, wie so häufig, um einen Weidwundschuss handelte. Das, was ich vorfand, deutete klar und deutlich auf einen Wildbretschuss hin: Muskelgewebe, Schweiß, nur wenig Schnitthaar, jedoch keine Knochensplitter. Damit war klar, dass uns eine äußerst herausfordernde und spannende Nachsuchenarbeit bevorstand. Ich ging zu Gerd, den ich zuvor abgelegt hatte, und ließ ihn vorsuchen. Ich wusste bereits, wo wir hinmussten, aber Gerd noch nicht, und ich wollte unsere eingeübte kleine Zeremonie am Anschuss beibehalten und gab ihm das Kommando zur Vorsuche. Gerd bewegte sich konzentriert und zielstrebig in halbkreisförmigen Abschnitten und verwies den Anschuss mit beeindruckender Präzision. Ich lobte den jungen Rüden und gab das Kommando zur Suche. Er suchte mit höchster Konzentration durch das dichte Luzernefeld bis hin in den Wald.

Damit änderte sich der Boden und der Bewuchs. Gerd musste sich ein wenig umstellen, machte das aber wie ein Routinier. Er hangelte sich Stück für Stück die Fährte entlang und korrigierte sich selbst immer wieder, bis wir eine Stelle erreichten, an der die Sau offensichtlich reichlich Wiedergänge eingelegt hatte. Gerd kreiste und kreiste. Er bewegte sich in Halbkreisen langsam vor und griff wieder zurück. Er wird doch wohl nicht etwa überfordert bzw. der Sache nicht gewachsen sein, ging mir durch den Kopf. Ich lobte und ermutigte ihn, und schließlich fand er den Abgang. Für Gerd war es jetzt wie ein „Aha-Effekt", er folgte nun sicher der Fährte und zog energisch weiter. Es ging weiter durch einen Waldstreifen, stets in unmittelbarer Nähe des Luzernefeldes. Nach etwa 200 Metern wechselte die Fährte geradewegs zurück in den Luzerneschlag. Die Suche ging jetzt quer übers Feld rund 300 Meter in Richtung einer Waldspitze. Dort ohne eine direkte Bestätigung angekommen, tauchten wir nun wieder in den dichten Wald ein. Der war an dieser Stelle nur etwa 30 bis 50 Meter breit. Nach Überquerung eines Waldweges erwartete uns ein Waldbereich, der von Windwurf und Windbruch ziemlich verwüstet war. Ich war mir sehr sicher, dass sich das Stück bestimmt in dieser undurchdringlichen Wüstenei eingeschoben hat. Aber mein Hund interpretierte die Sache anders und zog bestimmt 150 Meter immer den Waldweg entlang. Zweifel fingen mich an zu plagen, und ich grübelte, ob wir noch richtig sind. Doch letztendlich entschied ich mich, meinem Hund zu vertrauen. Gerd lag straff im Riemen, und er wollte immer nur voran. Kurz bevor der Weg in eine scharfe Linkskurve überging, blieb der Rüde abrupt stehen und steckte seine Nase intensiv in den Boden. Ich näherte mich ihm behutsam, und zu meiner Erleichterung verwies er mir tatsächlich einen Tropfen Schweiß. Ich lobte meinen Hund: „Fein gemacht, Gerd, und voran." Er arbeitete unter vollster Konzentration weiter.

In diesem Moment war ich mir sicher, dass es nun einen Einstieg in den Windwurf und Windbruch hinein geben würde. Aber wieder einmal lag ich falsch. Anstatt links abzubiegen, zog Gerd energisch nach rechts in den schmalen Waldstreifen hinein. An dieser Stelle hatte der Waldstreifen nur eine Breite von 30 Metern. Und schon dachte ich wieder: Ob das wohl richtig ist? Aber ich schob meine Bedenken beiseite und vertraute meinem Hund. Unser Weg führte uns erneut in den Luzerneschlag. Und genau an dem Wechsel vom Wald zum Feld verwies Gerd abermals Schweiß. Nun war ich beruhigt und folgte mit gutem Gefühl dem Rüden, der unaufhaltsam und konzentriert weitersuchte. Nach weiteren 300 Metern zeichnete sich ein Linksknick in der Fährte ab. Gerd suchte an dieser Stelle mit beispielloser Intensität und übte sich in Selbstkorrektur, bis er den Abgang fand. Gerd zog durch den dichten Waldstreifen, über den Waldweg hinweg, hinein in das Windwurf- und Windbruch-Gebiet. An dieser Stelle bemerkte ich erneut einen winzigen Tropfen Schweiß, der mich positiv stimmte. Ich lobte meinen emsigen Begleiter. Gemeinsam arbeiteten wir uns durch das starke Unterholz, unter umgestürzten Bäumen hindurch bis zu einem lichten Brombeer-Verhau. An dieser Stelle verhielt sich Gerd äußerst vorsichtig, und ich nahm mit gespannter Erwartung meine Waffe in Anschlag. Hatte sich hier die kranke Sau eingeschoben? Ich schob mich äußerst vorsichtig vor und fand ein Wundbett. Ich prüfte den Schweiß, doch dieser war kalt. Es musste also schon einige Zeit vergangen sein, seit der Schwarzkittel sich hier aufgehalten hatte.

Mit dem Kommando „Weiter" setzten wir gemeinsam die Suche fort. Jetzt war es wichtig, den Abgang zu finden. Mein Hund suchte ruhig weiter, hoch und runter, während er leicht anzog. Ich lief, kroch und robbte hinter ihm her. Plötzlich blieb er erneut stehen. Mit der Waffe voran näherte ich mich ihm vorsichtig und entdeckte erneut ein Wundbett. Aber auch hier war der Schweiß bereits kalt. Ich lobte meinen Hund, markierte die Stelle und trug Gerd behutsam ab. Der Bewuchs wurde so dicht, dass es kaum noch möglich war, voranzukommen, ohne sich selbst oder den Hund zu gefährden. Ich entschloss mich, dieses Gebiet mit den umgestürzten und abgebrochenen Bäumen zu umschlagen, um festzustellen, ob nicht möglicherweise die kranke Sau dieses Gebiet bereits verlassen hat. Also begann ich, am Rand der Bruchfläche vorzusuchen. Ich gab dem Hund mehr Riemen, bis er fast 15 Meter vor mir suchte. Gerd war vollkommen in seinem Fokus und suchte mit absoluter Konzentration nach einem möglichen Abgang. Ich hatte das Gefühl, dass selbst wenn neben ihm ein Baum umgefallen wäre, er hätte sich nicht irritieren lassen. Ich hoffte, dass er mir irgendwas anzeigt beziehungsweise verweist. Plötzlich erblickte ich aus meinem rechten Augenwinkel eine starke Sau, die mich wie aus dem Nichts mit voller Geschwindigkeit annahm. Das Gewehr hatte ich noch auf dem Rücken, und das Messer steckte noch in der Scheide, also wurde mir bewusst, dass ich nur mit vollem Körpereinsatz entgegenwirken konnte. Im nächsten Augenblick fand ich mich kniend auf dem Boden wieder. Beherzt packte ich mit den Händen entschlossen zu und hielt die Sau am Teller fest. Das Stück schlug mit dem Haupt immer wieder nach oben, so dass ich mich wie ein Lappen fühlte, den die Sau ausschütteln wollte.

Mit aller Kraft und voller Wucht trat ich die Sau mit Vollspann in die Seite. Ich bezweifelte sehr, dass ich damit bei der Sau großen Eindruck hinterlassen hatte, obwohl mein Fuß noch eine ganze Woche danach schmerzte. Immerhin wurde nun auch Gerd auf die Situation aufmerksam. Er bellte mit tiefer Stimme, während er die Sau mutig hinten zwickte und mit jeder Sekunde aggressiver wurde. In diesem Moment war nicht mehr ich der Feind für die kranke Sau, sondern Gerd stand nun im Fokus. Die wütende Sau machte nun einen Ausfall in Richtung Gerd, der zum Glück geschickt auswich. So gelang es mir, meine Waffe von der Schulter zu nehmen und durchzurepetieren. Ich wartete geduldig auf den richtigen Zeitpunkt, bis ich einen Schuss anbringen konnte. Die Sau brach zusammen, und Gerds lautes Gebell hallte im Wald. Ich lobte ihn und rüdete ihn noch mehr an. Die Sau war zusammengebrochen, aber noch nicht verendet. Mit einem gezielten Schuss auf den Teller konnte ich dem Ganzen schließlich ein Ende setzen. Ich lobte voller Stolz meinen jungen HS-Rüden. Dieses unvergessliche Erlebnis wird mich für den Rest meines Lebens begleiten und in meinen Erinnerungen bewahrt werden. Fazit: Vertraue deinem treuen Gefährten, deinem Hund. Denk nicht zu viel nach und lasse dich nicht zu sehr von den Meinungen anderer, einschließlich der Schützen, beeinflussen. Und bleibe kritisch bei den Schützenangaben, es ist schon ein Unterschied, wenn aus einer 50-Kilo-Sau schließlich ein 86-Kilo-Keiler wird.

Denis Marschallek, geboren 1972 in Markranstädt (bei Leipzig), im Leipziger Land und in Sachsen-Anhalt mit Schweißhund, Kurzhaar und Rauhaardackel im Einsatz

Lügen, Tweed und kalter Regen

Seeben Arjes

Das war eine honorige Geste des hohen Jagdherrn: Im ersten Treiben durften die Schweißhundführer mit ansitzen. „Für Euch sind Frischlinge und Kitze frei“, sagte der Verwalter, der als Jagdleiter fungierte. „Aber kommt nach Beendigung des Treibens bitte sofort zurück, alle Nachsuchen werden zentral von hier gesteuert.“ Okay, das kannten wir schon, war Jahr für Jahr dasselbe. Aber Jagdleiter Paul (alle Namen geändert) hatte diesmal noch eine weitere Botschaft, vertraulich, nur für uns Schweißhundführer: „Wer von Euch einen Frischling oder ein Kitz schießt, schleppt das Stück bitte etwa 100 Meter in den Wald und lässt es dort unauffällig liegen. Dafür aber bitte den Anschuss überdeutlich markieren." – „Warum das?" – „Ich brauche Nachsuchen mit Erfolgsgarantie." – „Wofür? Hund ausbilden? Hast Du einen Welpen?" – „Dies ist ein Kill for Cash Event. Zwei der Schützen haben einen Modehund und möchten Nachsuchen machen." – „Können sie das denn?" – „Nein." – „Warum sollen sie dann ...?" – „Es ist heute schick, Schweißhundführer zu sein. Beide sind zahlende Kunden und haben darum gebeten. Einer von ihnen ist Prof. Bachmüller. Den kennt Ihr ja, das ist der, der immer ungestraft die Bachen schießt. Er ist jetzt pensioniert und will noch mehr zur Jagd gehen. Er hat einen Hund gekauft und sich zum Schweißhundführer ernannt."

Oh je! Auch das noch. Jetzt also auch der Bachmüller. Erst kam die Angeheiratete mit einem schicken Dalmatiner, jetzt der Professor mit einem Schweißhund. Die Eitelkeit der Menschen treibt groteske Blüten! Der weiß-leuchtende Dalmatiner mit der pinken Halsung passte noch irgendwie in dieses Milieu, aber ein Schweißhund zur roten Krawatte mit den Fasanen und neben den Knickerbockern aus englischem Tweed ...? „Paul, das geht zu weit. Die Nummer mit dem Dalmatiner geht ja noch. Der wird nur vorgezeigt, der richtet keinen Schaden an. Aber das Nachsuchen schwerverletzter Tiere ist ein ernsthafter Teil der Jagd." – „Der Professor ist ein Freund des hohen Jagdherrn." – „Paul, als Jagdleiter bist du auch den Tieren verpflichtet. Wenn hier schon lebende Tiere Teil eines Events sein müssen, haben wir die Pflicht, sie wenigstens mit den besten Mitteln professionell nachzusuchen und ihr Leiden kurz zu halten. Nachsuche ist wirklich Tierschutz." – „Das Problem des Professors liegt tiefer. Er leidet doch selbst darunter." – „Er leidet? Woran?" – „Ihr habt ihn bislang zu oberflächlich gesehen, habt ihn auf Grund seines Auftretens als deplatzierte Jägerkarikatur belächelt und heimlich bespottet, dass seine Feuerkraft im umgekehrten Verhältnis zu seiner jagdlichen Urteilskraft steht." – „Stimmt!" – „Er leidet aber an dem berüchtigten Chefarztsyndrom." – „Wie ...?"

„Na, schaut doch nur mal hin. In der Klinik spielt er den ganzen Tag die Rolle eines Halbgott in Weiß, der alles weiß, alles kann und niemals Fehler macht. Er erlebt die Menschen nur vor ihm liegend, die Kollegen in devoter Verbeugung und Frauen, die ihn überhöflich grüßen. Ein auf solcher Ebene gewachsenes Ich kommt dann am Wochenende als Sonntagsjäger in den Wald und merkt, dass er dort keine Koryphäe ist, sondern ein belächelter Dilettant. So ein Zustand ist schlecht zu ertragen, denn sein Ego hat sich an die Darstellung als Lichtgestalt gewöhnt." – „Gut, aber warum dann Nachsuchen?" – „Ein Schweißhund an der Leine suggeriert jagdliche Kompetenz. Der Hund hilft ihm, das Bild seiner Eigenwahrnehmung auch vor Jägern zu spielen und sich von ihnen abzugrenzen. Das glaubt er jedenfalls." – „Paul, das mag ja sein, aber das geht zu weit. So ein Spiel ist das Gegenteil von weidgerecht, das ist Missbrauch ..., das ist ... Das mache ich nicht mit!" – „Missbrauch wäre es, wenn wir der Kundschaft eine echte Nachsuche mit einem wirklich leidenden Tier zumuten würden. Dann würden wir das Leid der Tiere zu Geld machen. Da würde auch ich nicht mitspielen. Genau deshalb machen wir die Schleppen mit dem bereits toten Wild."

So gesehen hatte Paul vielleicht doch recht. Das war sogar eine gute Idee. Diese Lüge könnte allen helfen. Einem Ego als Stütze, dem Geldgeschäft des hohen Jagdherrn und dem Frischling konnte es egal sein. Also schauten wir alle aufmerksam nach einem Frischling. Der kam aber nicht. Mir jedenfalls nicht. Dafür aber dem Torsten, dem Berufsjäger-Azubi. Der hatte gut aufgepasst und berichtete nach dem Treiben stolz: „Ich habe meinen Frischling vom Birkensitz über den Hauptweg bis in die Hangdickung geschleppt. War leicht, der hat höchstens 30 Kilo." Na, prima! Das hatte also schon mal geklappt. Alles andere funktionierte danach auch. Zunächst jedenfalls. „Herr Professor, wie schön, dass Sie uns beim Nachsuchen helfen. Sie fahren bitte bis zum Birkensitz. Der Anschuss ist mit rotem Papierband markiert, die Fluchtrichtung auch. Wenn Sie das Stück finden, bringen Sie es bitte direkt zum Streckenplatz." Paul war sehr zufrieden: „Das läuft gut so. Der Professor wird stolz sein, der Jagdherr zufrieden, die Kasse stimmt. Was wollen wir mehr?" Sonst war nur noch eine Nachsuche angemeldet und somit genug Zeit, uns vor der Arbeit etwas aufzuwärmen, denn es hatte ein kalter Dauerregen eingesetzt, den ein nasskalter Wind noch unangenehmer machte. Ein Kollege machte sich zwar Sorgen um den feinen Tweed des Professors und seine rote Krawatte mit den Fasanen drauf: „Bei dem Wetter! Und damit in die Kieferndickung hinein ..." Aber das sollte uns nicht scheren. Schließlich war es nicht unsere Krawatte und der Professor längst unterwegs zum Birkensitz.

Die andere Nachsuche erwies sich als kurze Totsuche. So waren wir schnell wieder am Streckenplatz und bester Laune. „Das wird ein guter Tag", sagte Paul, und alle waren guter Dinge. Fast alle. Einer stand zwischen uns wie das heulende Elend persönlich. Der Azubi im dritten Lehrjahr. Der stierte nachdenklich ins Leere und wollte keinen Glühwein. „Was ist los?" – „Paul, es tut mir leid. Da geht was schief, ich habe ... das wird eine Katastrophe!" – „Was wird eine Katastrophe?" – „Ich habe doch den Frischling geschossen und dann in die Dickung geschleppt, damit der Bachmüller glaubt, eine echte Nachsuche zu machen." – „Ja, und?" – „Da hätte ich den Frischling doch eigentlich nicht aufbrechen dürfen. Oder?" Paul war entgeistert: „Herrgott, wie kann man nur so blöd sein!" Uns allen gefror der Glühwein im Glas: „Mann-o-Mann, das wird peinlich!" – „Können wir nicht noch ... irgendwie ... von hinten ran?" – „Nein, viel zu spät. Das ist wirklich eine Katastrophe!" Der Tag war gelaufen. Aber das

Schlimmste sollte noch kommen. Wie würde der Jagdherr reagieren? Bachmüller war einer seiner besten Jagdkunden! Und gewährte im Gegenzug der ganzen Familie Privilegien im Wartezimmer. Desaster!

Einer wollte flüchten. Aber nein! Jetzt stehen wir das auch gemeinsam durch. Keiner geht vor dem Streckelegen. Egal, was passiert. Schließlich hat Paul doch nur im Sinne des Anstandes und der Weidgerechtigkeit gehandelt. Und der Lehrling hat es doch nur gut gemeint. Wir sollten dazu stehen. Aber peinlich war das schon. Sehr peinlich! Es dauerte ungewöhnlich lange. Aber der hohe Jagdherr wollte nicht anfangen mit Streckelegen und Brücheverteilen: „Wir warten noch auf Professor Bachmüller. Der sucht noch eine Sau nach. Scheint eine schwierige Sache zu sein." Dann kam er. Das heißt, er fuhr vor. Das war kein Kommen, das war ein Auftritt, weil alle schon gewartet hatten. „Jetzt wird er davon ein öffentliches Gericht machen. Paul wird es abkriegen." Bachmüller war so nahe an das Streckenfeuer herangefahren, dass ihn jeder sehen konnte. Ja, er sah sehr adrett aus. Absolut trockener Tweed, feine Schuhe, ein Gentleman, very british. Er stieg aus und holte aus dem Kofferraum des SUV nicht die Sau, sondern seinen Schweißhund mit Halsung und einen Regenschirm. Spannte diesen über sich, trat nach vorne und berichtete etwas zu laut und etwas zu theatralisch, es sei eine schwere Nachsuche gewesen, aber die Sau habe nur einen Streifschuss und sei nicht zu kriegen.

Der hohe Jagdherr nickte anerkennend. Viele andere auch. Nur unser armer Lehrling fiel von einer Starre in die andere. Jetzt verstand er gar nichts mehr. Nur Paul hatte es sofort begriffen. Angesichts der trockenen, sauberen Kleidung des Professors hatte er gleich geahnt: Der war zwar hingefahren, aber gar nicht ausgestiegen. Zu kalt, zu nass. Paul hieb dem verblüfften Azubi auf die hängende Schulter: „Begreifst Du nicht? Dieses Sauwetter hat Dich gerettet. Heute ist ein guter Tag!" Ja, so wurde es am Ende doch noch ein guter Tag. Für alle. Für fast alle. Nur für den armen Lehrling nicht. Der verfluchte diesen Tag. Jetzt musste er auch noch hinfahren und den Frischling holen. Aus der dunklen, klatschnassen, saukalten Dickung am Hang. „Naja", sagte Paul, „er wird das schaffen, immerhin ist die Sau ja schon aufgebrochen …" Wir konnten einstweilen einen heißen Punsch trinken und mit dem Professor etwas fachsimpeln. So unter Kollegen.

Seeben Arjes, Forstoberamtsrat der Bundesforsten, geboren 1940 in Ostfriesland, führt Hannoversche Schweißhunde in der Lüneburger Heide

Nachsuche auf einen Bergkeiler

Daniela Mayer

Es ist Samstagmorgen, Anfang Mai. Die Rehwildjagd ist in vollem Gange, und mein Mann und ich sind als anerkannte Nachsuchenführer in dieser Zeit häufig mit unseren Schweißhunden im Einsatz. Wie erwartet klingelt auch heute Morgen das Telefon. Allerdings gilt die Nachsuche nicht, wie erwartet, einem Rehbock, sondern einem Wildschwein. Da mein Mann auf einem Schweißhunde-Lehrgang im Spessart ist, frühstücke ich alleine, als der Anruf kommt.

„Ich habe heute Morgen auf ein stärkeres Wildschwein geschossen, wir finden aber keinen Anschuss. Kannst du bitte kommen?“ Nach einer kurzen Schilderung der Ereignisse vom Morgen verabreden wir Treffpunkt und Uhrzeit. Ich trinke meinen Kaffee aus, werfe einen liebevollen Blick auf meine Steirische Rauhaarbracke namens „Leo“, der noch friedlich in seinem Körbchen schläft und noch nichts von der bevorstehenden Arbeit ahnt. Aktuell führe ich „Dago vom Hasltal“, genannt „Leo“, als Schweißhund, den ich mir als Welpen ausgesucht, ausgebildet und zur Schweißprüfung geführt habe. Davor durfte ich den Großvater „Dassler“ führen, der bereits sehr erfahren war und mir einiges über das Nachsuchen beigebracht hat.

Nachdem ich meinen Kaffee ausgetrunken habe, gehe ich in den Keller, wo das Nachsuchenequipment aufbewahrt wird, und packe zusammen, was ich benötige. Und das ist gar nicht so wenig. Ganz wichtig bei Schwarzwildnachsuchen ist die Hundeschutzweste, die den Vierläufer vor Verletzungen durch ein angreifendes Wildschwein zumindest an den wichtigsten Körperstellen schützt. Moderne Hundeortungssysteme geben uns die Möglichkeit, den Hund bei der Hatz zu verfolgen und auf dem Display zu sehen, ob der Hund das kranke Stück noch hetzt oder bereits stellt, wenn der Bail außerhalb der Hörweite stattfindet. Funkgeräte habe ich immer dabei, um mit Begleitern auch bei schlechter Handynetzabdeckung in Kontakt bleiben zu können, dazu natürlich meine Langwaffe, ein Messer und ein Erste-Hilfe-Set. Zu meiner eigenen Schutzausrüstung gehört eine Sauenschutzhose, die im Falle eines Angriffes durch Schwarzwild das Durchstoßen der Keilerwaffen durch die Hose und damit verbundene Verletzungen verhindern soll. Sie bietet aber auch Schutz vor Dornen. Für unseren Helm mit Visier werden wir oft belächelt, aber wer einmal durch Fichtendickungen gelaufen ist oder Buchenrauschen ins Auge bekommen hat, versteht, warum wir einen Helm tragen. Verstärkte Handschuhe runden die Ausrüstung ab, sie schützen einerseits vor

Stichen und Schnitten von Dornen, aber auch vor Verbrennungen, wenn der Schweißriemen schnell durch die Finger gleitet.

Nachdem ich fertig bin, lade ich meinen jungen Steirer ins Auto ein. Er erkennt sofort, dass wir auf eine Nachsuche gehen und freut sich auf die bevorstehende Arbeit. Meinen Heideterrierrüden „Henry“ nehme ich als Beihund ebenfalls mit. Er ist sehr erfahren an Schwarzwild und mit dem Schweißhund zusammen ein eingespieltes Team. Sie haben schon einige Suchen zusammen bestritten und unterstützen sich gegenseitig. Somit führt eine Hatz in der Regel schneller und leichter zum Erfolg. Jeder Meter Hatz, der vermieden werden kann, erspart den Hunden eine ganze Reihe von Gefahren. Wenn zwei Hunde zusammen geschnallt werden, sind sie als Team mutiger und können das verletzte Stück schneller binden, was die Hatz deutlich verkürzt. Das vermindert die Gefahr von Straßenüberquerungen, das eigentlich größte tödliche Risiko für unsere Hunde. Der Nachteil von zwei geschnallten Hunden ist allerdings, dass das Antragen eines Fangschusses erschwert wird, im Gefahrenbereich befinden sich dann zwei sehr bewegliche Mitstreiter. Deshalb muss die Fangschusssituation besonders sorgfältig eingeschätzt werden. Ebenso ist das Risiko größer, dass ein Hund geschlagen wird, weil sie im Team mutiger agieren. Die Region, aus der die Nachsuche gemeldet ist, ist eines unserer steilsten Täler. Dort herrscht vorrangig steiles, felsiges, mit Gras und häufig auch mit Geröll durchsetztes Gelände. Das Laufen ist hier sehr anstrengend und teilweise gefährlich. An dieser Stelle steigt der Schwarzwald bis auf etwa 1.100 Meter. Häufig ist es so, dass der Schütze als Begleiter in diesem Gelände konditionell der Nachsuche nicht folgen kann.

Weil Nachsuchen grundsätzlich gefährlich sind, habe ich gern eine zweite Person dabei, die den Beihund führen kann, und die erfahren und geländegängig ist, um mich im Bedarfsfall unterstützen zu können. Das Risiko eines Unfalls oder einer Verletzung durch einen Schwarzkittel ist bei der Schweißarbeit immer gegeben. Insofern ist es besser, nicht alleine unterwegs zu sein, zumal es in vielen Regionen bei uns keinen Handyempfang gibt und man somit keine Hilfe rufen kann. Die Wahl fällt auf Kai, einen meiner besten Jagdfreunde, der auch selber Hundeführer ist. Er führt Terrier, geht mit mir im Herbst oft bei den Drückjagden als Treiber durch und hat mich schon einige Male auf Nachsuchen begleitet. Er ist sehr zuverlässig, kennt meine Hunde gut, die Vierbeiner mögen ihn sehr, und er weiß auch in schwierigen Situationen umsichtig zu handeln. Kai sagt sofort zu und bald darauf fahren wir zusammen los. Wir ahnen noch nicht, dass der Tag für ihn im Krankenhaus enden wird. Bei dem vereinbarten Treffpunkt angekommen, gibt es eine kurze Begrüßung durch den Jäger, und er erzählt, was heute Morgen passiert ist. Ein einzelner Keiler kam gegen 6 Uhr morgens auf die Wiese gezogen. Als dieser breit stand, hat er mit seiner Waffe (Kaliber .30-06) geschossen.

Wir legen unseren Hunden Schutzwesten, Ortungssystem, sowie Schweißriemen und Geschirr an und richten unsere Ausrüstung. Ein kurzer Kontrollblick, ob das Ortungssystem auch korrekt funktioniert, dann sind wir bereit. Von dem Hochsitz, von dem aus er geschossen hat, weist uns der Schütze ein. Der vermeintliche Anschuss ist auf einer langen Wiese, die sich den Berg hochzieht. Ich setze Leo an und gebe ihm das Kommando „Zeig's mir". Damit schicke ich ihn zur Vorsuche, was bedeutet, dass er mir den Anschuss verweisen soll, da ich selbst nicht weiß, wo sich dieser auf der Wiese befindet. Kai führt den Beihund Henry hinter mir her, der Schütze und ein weiterer Begleiter, ein Jagdfreund des Weidmanns, beobachten uns vom Hochsitz aus. Leo zeigt an der vermeintlichen Stelle des Anschusses keinerlei Reaktion, und so lasse ich ihn selbstständig weitersuchen. Da er erfahren genug ist, weiß er genau, was ich von ihm will. Wir sind ein gut eingespieltes Team, er ist ein passionierter Hund, der gerne auf der Fährte arbeitet, also viele Gründe, ihm zu vertrauen. So sucht er den Bereich um die Stelle großräumig ab. Deutlich über dem vermuteten Anschuss zeigt er mir plötzlich durch Rutewedeln an, dass er etwas gefunden hat. Der Abstand vom Hochsitz zu dem Punkt, an dem Leo verweist, beträgt etwa 190 Meter. Ich untersuche die Stelle und stelle fest, dass es tatsächlich der Anschuss ist. Der Schütze hatte sich in der Entfernung bei der Schussabgabe deutlich verschätzt und ist selbst sehr überrascht.

Wir finden Knochensplitter von Röhrenknochen. Pirschzeichen, die auf einen Lauftreffer hindeuten. Die Sau ist also noch lebendig, eine Hetze wird uns bevorstehen. Äußerste Vorsicht ist geboten! Leo liegt im Geschirr und will los. Ich folge ihm am Riemen, und Kai hält sich mit Henry in einigem Abstand hinter uns, um uns nicht zu behindern. Auch der Schütze und sein Begleiter folgen uns. Vom Anschuss aus geht es über den Weidberg, eine almartige große Wiese. Mittlerweile fällt das Gelände ab, vor uns sehen wir den Waldrand, von da ab geht es steil den Hang hinab. Leo arbeitet sehr konzentriert die Fährte, lässt sich von den Menschen, die uns begleiten, in keinster Weise ablenken. Er arbeitet mit tiefer Nase, läuft wie auf Schienen und verweist mir immer wieder kleine Schweißtropfen in der Fährte. Zwei Rehe springen etwa 50 Meter vor uns ab und queren die Fährte, Leo registriert die Rehe, beachtet sie nicht weiter, lässt sich nicht aus der Konzentration bringen. Als wir an die Stelle kommen, an der die Rehe unsere Fährte gequert haben, verweist er nur kurz, indem er kurz den Kopf in die Fluchtrichtung der Rehe hebt. Er arbeitet weiter sehr fokussiert die Krankfährte aus. Wir erreichen den Wald, das Gelände wird immer abschüssiger und steiniger. Im Wald fällt es steil ab und hat schon fast alpinen Charakter. Das Laufen gestaltet sich immer schwieriger, wir treffen auf mit Brombeeren bewachsenes Geröll, umgestürzte Bäume, mannshohen Schwarzdorn und moosbewachsene Felsen. Bei jedem Schritt drohen wir abzurutschen.

Aufgrund dessen entscheiden sich der Schütze und sein Jagdfreund, dass sie nicht weiter mitkommen, sondern an ihr Auto zurückkehren. Sie bekommen ein Funkgerät von uns mit, um mit uns in Kontakt bleiben zu können. Handyempfang haben wir in dem Hang nicht. So können uns die beiden zur Hilfe kommen, wenn wir ein Auto benötigen, sei es zur Bergung des Wildschweins oder zur Verfolgung der Hatz.

Kai, Henry und ich folgen Leo immer weiter in die steile Halde. Wir haben ab und an noch Bestätigung in Form von kleinen Schweißtropfen, müssen uns aber sehr auf das Laufen konzentrieren, um nicht zu stürzen, und übersehen dabei bestimmt das ein oder andere Pirschzeichen. Durch Leos konzentrierte Art zu suchen, benötige ich die Pirschzeichen nicht als Absicherung; dass wir richtig sind, sehe ich meinem Rüden deutlich an. Er will den kranken Keiler unbedingt finden. Durch die vielen Kilometer, die wir am Riemen zusammen zurückgelegt haben, kann ich ihn sehr gut lesen. Es ist oft nur so ein Gefühl, man kann es nicht genau an bestimmten Bewegungen festmachen, aber es wirkt auf mich, als wenn er mit mir sprechen würde. Ich weiß genau, ob der Hund richtig ist oder nicht, ob er gerade Probleme auf der Fährte oder die Fährte sogar schon aufgegeben hat. Und heute ist er voller Eifer, und ich bin mir sicher, dass wir an den kranken Keiler herankommen. In dem anspruchsvollen Gelände habe ich nur Augen für Leo. Kai und Henry sind hinter mir, ich sehe und höre sie zwar nicht immer, aber ich bin mir ihrer sicher, nur das zählt. Durch die vielen Schwarzdorn- und Brombeerverhaue hat der Keiler viele Möglichkeiten, sich ein Wundbett zu suchen und wir müssen jederzeit damit rechnen, dass er vor uns hoch wird oder sogar angreift. Darauf bin ich vorbereitet. Leo würde mir sehr deutlich zeigen, wenn der verletzte Keiler vor uns sitzt, indem er anfängt zu fiepen und plötzlich mit hoher Nase arbeitet, er signalisiert dann deutlich, dass er geschnallt werden will. Kai schaut derweil genau auf

Henry, dieser ist noch erfahrener als Leo und gibt deutliche Zeichen, wenn die Wildsau vor uns ist. Er stellt sich dann auf die Hinterbeine, um besseren Wind zu bekommen und will sofort die Verfolgung aufnehmen.

Bei Rückenwind allerdings wird es für die Hunde schwer, die Sau vor uns auszumachen. Hier ist Erfahrung von Hund und Hundeführer gefragt. Aufgrund der Länge der Fährte, dem Bewuchs und den damit verbundenen Möglichkeiten für ein Wundbett und dem aufgrund der gefundenen Pirschzeichen prognostizierten Treffersitz, hat ein routinierter Hundeführer etwa im Gefühl, wann der verletzte Schwarzkittel sich ein Wundbett suchen könnte. Nachdem wir fast zwei Kilometer im steilen Gelände mehr gerutscht als gelaufen sind, kommen wir an einen großen Brombeerverhau. Das Verhalten beider Hunde verändert sich schlagartig. Es passiert genau das, was ich erwartet habe. Sie werden hektischer, heben die Köpfe in den Wind, und Leo fängt an zu fiepen. Ein deutliches Zeichen, dass der Keiler vor uns sitzt. Wir sind alle vier hoch angespannt. Wird der Basse gleich sein Heil in der Flucht suchen oder in dem Brombeerverhau auf uns losgehen? Plötzlich bricht der Keiler vor uns aus und sucht das Weite. Kai und ich sprechen uns kurz ab, werfen einen Blick auf das Ortungsgerät, um sicher zu sein, dass keine Straße in der Nähe ist, die eine Gefahr für die Hunde darstellen könnte, und schnallen dann beide Hunde. Jetzt beginnt eine Hetze, die länger als eine Stunde dauern soll. Die Hunde verfolgen den Keiler, man hört ihren Fährtenlaut, dann Sichtlaut und immer wieder Standlaut. Der Laut schallt weit durch das steile Tal, eine Gänsehaut breitet sich auf meinen Armen aus, die Anspannung steigt. Auf dem Ortungsgerät können wir verfolgen, dass die Hunde den Keiler immer wieder stellen, aber der Bail nicht an einem Ort bleibt. Da sich die Anzeige beider Hunde auf dem Ortungsgerät immer wieder ein wenig weiterbewegt, bin ich sicher, dass der Keiler so groß ist, dass selbst der schneidige

Heideterrier ihn nicht gehalten bekommt. Er hat normalerweise vor Schwarzwild mit einem Gewicht bis etwa 50 kg aufgebrochen keine Angst, packt dieses alleine und hält es, bis es abgefangen werden kann.

Wir Hundeführer versuchen, in dem anspruchsvollen Gelände an den Bail heranzukommen. Ich möchte möglichst schnell den Hunden helfen, um das Verletzungsrisiko für sie gering zu halten und den verletzen Keiler zu erlösen. Die älteren Keiler bei uns sind meist nicht so groß und schwer wie in anderen Regionen, hier haben dreijährige Bergkeiler oft nur 50 bis 60 Kilogramm, sind aber entsprechend beweglich und haben ein großes Gewaff. Sie sind also unfraglich gefährlich für die stellenden Hunde, da sie sich durch ihre große Beweglichkeit sehr gut wehren können und versuchen, ihre Angreifer mit ihren Waffen zu schlagen. Aus diesem Grund ist Eile geboten. Je länger der Kampf mit dem Keiler dauert, desto geschwächter sind auch die Hunde und umso größer das Risiko, dass sie eine Verletzung davontragen. Wir müssen auf dem Geröll sehr vorsichtig laufen, um nicht abzurutschen und den Hang hinunterzufallen. Der steinige Untergrund erschwert das Vorankommen. Die beiden Hunde bekommen den Schwarzkittel nicht so lange gestellt, dass wir nah genug aufrücken können, um einen Blick auf das Geschehen zu erhaschen. Immer wieder bricht der Keiler aus, und die Hetze geht weiter. Wir Verfolger beraten uns, wie wir näher an den Standlaut herankommen können. Im Hang kommen wir nur schwer vorwärts, die Hunde sind schon wieder 500 Meter von uns weg, und wir können ihren Laut nur noch sehr leise hören. Zu Fuß haben wir keine Chance, sie einzuholen. Wir funken mit dem Schützen, der ja noch in seinem Auto wartet, erläutern ihm die gegenwärtige Situation und erklären ihm, dass er uns im Tal mit dem Auto abholen soll. Da er gute Revierkenntnisse hat, ist unser Plan, dass er uns anhand der Karte auf unserem Ortungsgerät so nah wie möglich an die Bail heranfahren soll, so dass wir ihr den Weg abschneiden können. Das ist allerdings nicht einfach, da nicht viele fahrbare Wege die steilen Hänge durchkreuzen.

Zweimal kommen wir so relativ nah an die Hunde heran, zweimal verstellt sich der Bail aber wieder. Die Sorge um die Hunde bei mir wird größer, eine gewisse Verzweiflung kommt auf, und ich frage mich, wie ich meinen Hunden in dieser verzwickten Situation beistehen kann. Fast eine Stunde stellen sie den Keiler nun schon, und ich komme einfach nicht heran. Die Anspannung in einer solchen Situation ist enorm. Einerseits zu wissen, dass die Hunde dort allein den Keiler stellen und auf meine Hilfe warten. Sie sind es gewohnt, dass ich ihnen schnellstmöglich zur Hilfe komme. Andererseits weiß ich nicht, ob einer der Hunde von der Sau bereits eine Verletzung davongetragen hat. Unruhe macht sich in mir breit. Bevor sie sogar die Hatz abbrechen, weil keine Hilfe kommt und sie mittlerweile am Ende ihrer Kräfte sind, steigen wir aus dem Auto aus, als wir wieder einmal bis auf 300 Meter herangekommen sind. Ich gebe Kai zu verstehen, dass wir uns jetzt beeilen müssen. Das braucht man Kai nicht zweimal zu sagen. Er schlägt sich durch die Brombeeren, als wären sie nicht da, ich kann kaum folgen. Er wird deutlich vor mir bei den Hunden sein und versuchen, die Sau abzufangen. Schießen ist in diesem Fall nicht möglich, da die Hunde sehr dicht stellen, und die Gefahr, dass sie durch die Kugel verletzt oder sogar getötet werden, ist zu groß. Auch mit einem Querschläger muss man immer rechnen, so dass die Hunde auch in Gefahr sind, wenn sie sich nicht direkt neben dem Keiler befinden. Kai ist Metzgermeister und erfahrener Hundemann, deshalb habe ich keine Sorge, wenn er das Erlösen des Schwarzkittels übernimmt. Es gibt nicht viele Menschen, die ich an meine stellenden Hunde heranlasse, Kai gehört dazu.

Kai geht den Bail an und plötzlich bekommt der Keiler seinen ärgsten Feind, den Mensch, mit, schüttelt die Hunde ab und stürmt auf Kai los. Durch einen Sprung auf einen nahegelegenen Baum kann er sich gerade noch in Sicherheit bringen, der Keiler versucht nach ihm zu schnappen, bekommt aber nur noch den Ärmel seiner Jacke zu packen. Sie reißt kaputt, Kai ist aber außer Reichweite für weitere Angriffe der ziemlich garstigen Wildsau. Die Hunde bemerken die Gefahr für uns und auch die Unterstützung, die sie jetzt erfahren, schöpfen nochmals Mut und setzen dem Keiler ein weiteres Mal beherzt zu. Dieser ist von den Hunden so abgelenkt, dass Kai den Standlaut erneut angeht, ohne dass der Basse ihn bemerkt. Die Hunde stellen jetzt sehr scharf. Da Unterstützung von uns da ist, trauen sie sich auch, den Schwarzkittel zu packen. In einem Bergbach können sie den Keiler schließlich binden, und Kai ist schnell zur Stelle, um ihn zu erlösen. Ich stehe bereit, die drei zu unterstützen, wenn weitere Hilfe nötig ist. Der Keiler haucht sein Leben aus und große Erleichterung macht sich in mir breit. Wir geben ihm Zeit zu sterben und danach den Hunden die Gelegenheit, ihn zu beuteln, also ihre Beute in Besitz zu nehmen. Die Hunde werden dann sofort von mir auf Verletzungen untersucht. Doch glücklicherweise finde ich keine! Ich lächle Kai an, denn wir haben die Nachsuche als Team erfolgreich abgeschlossen! Ein überwältigendes Gefühl, wenn die Anspannung abfällt, das verletzte Wildschwein erlöst werden konnte. Und natürlich der Stolz auf die Arbeit meiner Hunde, das andauernde Bedrängen des Keilers über diesen langen Zeitraum, in diesem schwierigen Gelände. Auch bin ich erleichtert, dass offensichtlich alle gesund sind.

Aber mein Jagdfreund strahlt nicht wie sonst zurück, sondern schaut etwas verdruckst. „Was ist los“? frage ich. Kai antwortet: „Kannst du schlimme Sachen sehen?“ – „Kai, was ist los?“ Er zieht seinen Handschuh aus, aus dem Blut heraustropft. Mein Jagdkamerad hat ein rasiermesserscharfes finnisches Puukko, einen sogenannten Finnendolch als Abfangmesser, leider hat dieses Messer keine Parierstange, so dass er beim Abfangen, als die kalte Waffe in den Körper des Keilers eingedrungen ist, mit der Hand über das Handstück hinaus auf die Klinge gerutscht ist und sich durch den Handschuh hindurch die Hand aufgeschnitten hat. Da ich immer ein Erste-Hilfe-Set mithabe, verbinde ich ihm schnell notdürftig die stark blutende Hand. Über Funk rufen wir den Schützen, informieren ihn, dass der Keiler erlöst ist und dass er mit seinem Auto so nah wie möglich heranfahren soll. Er ist sofort da, und sein Kamerad bringt Kai mit einem weiteren Fahrzeug auf direktem Wege ins Krankenhaus. Mit so einer Wunde und den Verschmutzungen durch die Bakterien der Sau ist nicht zu spaßen. Wir anderen beiden bringen die Hunde zu meinem Auto zurück, ich ziehe ihnen die Westen ab, untersuche sie nochmals auf Verletzungen, gebe ihnen Wasser und eine kleine Portion Futter, sie dürfen sich jetzt ausruhen. Zusammen bergen wir noch den Keiler. Wie vermutet war es ein älterer Bergkeiler mit 62 Kilogramm aufgebrochen und guten Waffen. Der Schuss hatte beide Keulen leicht verletzt. Das erklärt auch die Mobilität und Angriffslustigkeit des Schwarzkittels.

Nachdem der Keiler aufgebrochen und in die Kühlung verbracht wurde, verabschiede ich mich von dem glücklichen Schützen, der einen wirklich starken Bergkeiler geschossen hat und froh ist, dass dieser erlöst werden konnte. Gleich danach mache ich mich auf dem Weg ins Krankenhaus und treffe Kai, der noch in der Notaufnahme sitzt und auf die Behandlung wartet. So sitzen wir zu zweit nass und dreckig im Warteraum des Krankenhauses und werden von den anderen Patienten befremdlich angestarrt. Bald nach meiner Ankunft wird Kai endlich aufgerufen und verschwindet im Behandlungszimmer. Zwei lange und tiefe Schnittwunden an Ring- und Mittelfinger werden diagnostiziert, so dass sogar die Sehne freigelegt ist. Die Verletzungen werden ordentlich ausgespült und mit 7 bzw. 5 Stichen genäht. Dazu gibt es Antibiotika für ihn, damit sich die Wunde nicht entzündet. Da hat er noch einmal Glück im Unglück gehabt. Trotz meiner Erleichterung erteile ich ihm einen Rüffel, der sich gewaschen hat. Normalerweise bin ich eine ruhige, umsichtige Person. Ich bin einerseits erleichtert, aber auch wütend und drohe ihm, ihn nicht mehr auf weitere Nachsuchen mitzunehmen, wenn er dieses Messer nicht gegen eines mit Parierstange austauscht. Das war sehr leichtsinnig und hätte auch anders ausgehen können. Ich möchte seine Frau nicht anrufen müssen und ihr erklären, dass Kai etwas zugestoßen ist. Er verspricht es mir und nimmt tatsächlich seitdem ein Abfangmesser mit, das eine Parierstange hat.

Wir treten den Heimweg an. Nach etwa zehn Minuten Fahrt sagt Kai: „Ich hab so Hunger, können wir noch etwas essen? Lass uns an einem Imbiss anhalten." Jetzt erst merke auch ich, dass ich seit dem Frühstück nichts mehr gegessen habe, mittlerweile ist es halb vier. Die Hunde sind müde und schlafen im Auto. Also willige ich ein, und wir essen noch zusammen. Kai kriegt seine Wurst von mir kleingeschnitten, was tut man nicht alles für einen guten Jagdfreund? Und jetzt können wir uns endlich gemeinsam über die erfolgreiche Nachsuche freuen. Kai übergebe ich zu Hause in die Hände seiner besorgten Frau, natürlich nicht, bevor wir ausgiebig über unser Abenteuer berichtet haben. Zu Hause packe ich schnell das Auto aus und genieße die Vorfreude auf mein Sofa. Mit einem wohlverdienten Kaffee in der Hand schaue ich meinen schlafenden Hunden zu und bin wieder einmal dankbar, dass wir heute so viel Glück hatten.

Daniela Mayer, geboren 1977 in Wuppertal, sucht nach in der Region zwischen Freiburg, Lörrach und dem Bodensee mit Steirischer Rauhaarbracke

Daniela Mayer glücklich am Ende der Nachsuche.

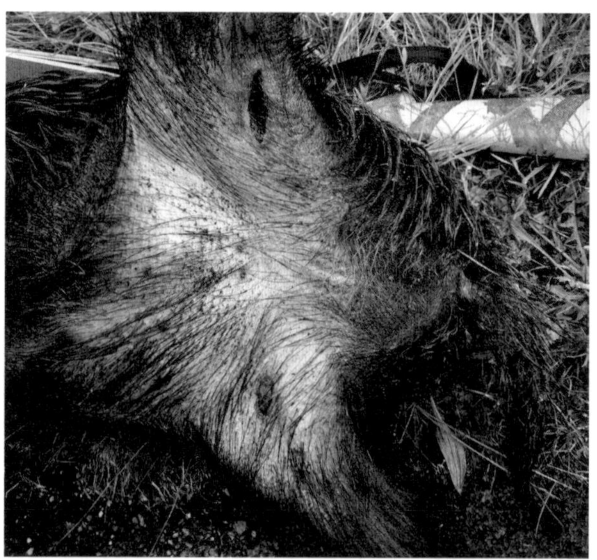

Der Schuss „durch die Hosen“ schränkte den Keiler nur bedingt ein.

Auf Rehe ist alles anders

Ulrich Umbach

Auch vor mehr als 60 Jahren war die Nachsuche auf verletztes Wild ein Thema bei der Jagdausübung. Schweißhunde allerdings waren nur in den ausgesprochenen Rotwildgebieten präsent. Als Junge kannte ich sie nur aus der Literatur. Der Hirsch kam zwar nicht zur Strecke, für mich war aber die Arbeitsweise des Nachsuchen-Gespanns so faszinierend, dass sie zur Initialzündung für die Arbeit mit dieser Hunderasse wurde. Meine Schweißhundeführertätigkeit begann mit der Nachsuche von Rehwild, und bis zum heutigen Tag spielt diese Wildart in meiner Suchen-Statistik eine dominierende Rolle. Ich lernte sehr früh das besondere Verhalten dieser Wildart bei Verfolgung kennen und merkte sehr schnell, wie schwer

Nachsuchen auf Rehe sein können. Eine Erklärung dafür liegt auch in der Biologie dieser Wildart. Rehe gehören zu den Buschschlüpfertypen. Sie leben territorial, das heißt, sie bewegen sich in einem eng abgesteckten Gebiet. Und Rehe haben kein großes Lungenvolumen, das sie zu langanhaltenden Fluchten befähigt. Dennoch hat diese Wildart Jahrmillionen überlebt. Dafür hat die Natur ihnen Überlebensstrategien verliehen, mit denen wir auch heute noch, insbesondere beim Nachsuchen, zu kämpfen haben. Rehfährten-Duftpartikel verflüchtigen sich sehr schnell, so dass eine Verfolgung aufgrund der individuellen Geruchsmoleküle nach längerer Zeit schwer für jedes Raubtier ist.

Diese Tatsache spielt beim Suchen verletzten Rehwildes eine ganz entscheidende Rolle und macht eine Riemenarbeit auch besonders schwierig. Meine Erfahrung von einigen Tausend Nachsuchen, sowohl auf Rehwild wie auch auf Schwarzwild, hat mir immer wieder gezeigt, dass ein Frischling mit Laufschuss besser und länger für den Hund zu riechen ist, als ein gewichtsmäßig vergleichbarer Rehbock. 300 Meter Riemenarbeit auf den laufkranken Rehbock sind in aller Regel schwerer zu arbeiten, als 3.000 Meter auf einen laufkranken Frischling. Die Rehwildnachsuche birgt noch eine weitere Schwierigkeit. Rehe stellen sich sehr selten vor dem verfolgenden Hund. Meine Nachsuchen auf Rehe waren zu 75 Prozent Einsätze, bei denen das Stück noch lebte und daher eine Hetze erforderlich wurde. Rehe sind nicht schusshart. Bei Körpertreffern verenden sie in aller Regel im Umkreis von 100 Metern vom Anschuss. Hier werden sie meistens vom Schützen auch mit nicht-spezialisierten Hunden selbst gefunden. Sucht man Rehwild häufig nach, dann bedarf es auf jeden Fall eines Hundes, der Rehe fangen kann. Somit war für mich von Anfang an in meiner Nachsuchentätigkeit klar, dass ich einen Hund für die Hetze brauchte. Dieser musste schnell und wildscharf sein, denn das verfolgte Reh musste gefangen und niedergezogen werden. Deshalb fiel die Wahl auf die Rasse Deutsch-Drahthaar. Diese Hunderasse hat mich ein Leben lang begleitet, und ihr gehört meine ganze Zuneigung! Unter meinen zahlreichen Hunden war es ein Deutsch-Drahthaar, der zu meinem Lebenshund wurde: „Treu vom Kanonenturm". Er war außergewöhnlich in allen Jagdarten. Wir jagten auf Niederwild in damals noch hervorragend mit Hasen und Fasanen besetzten Revieren am Niederrhein, genauso wie bei meinem Freund Achim an der Ostsee. Treu war Feld- und Wasserhund, als hätte er nie etwas anderes gemacht.

Dennoch lag mein Fokus auf der Jagd bei uns in der Eifel. Und hier waren nun mal die Schalenwildarten dominant. Schwarzwild war in den sechziger Jahren bei Weitem nicht so häufig, wie das in den letzten Jahrzehnten der Fall geworden ist. Die jährliche Strecke an Schwarzwild in unserem Kreisgebiet erreichte nicht mal die Fünfhundertmarke. Heute erlegen wir – natürlich mit Schwankungen – etwa das Zehnfache an Sauen. Der Anstieg des Schwarzwildvorkommens hat natürlich auch die Jagdausrichtung bei uns völlig verändert. Bei gleichzeitiger Abnahme des Niederwildes wurde auch der Fokus des Hundeeinsatzes bei der Jagd vornehmlich auf Schwarzwild ausgerichtet. Doch jetzt zurück zu meinen Jagdbegleiter „Treu vom Kanonenturm". Ich bereitete ihn vom Welpenalter an auch auf die Arbeit am langen Riemen vor. Waren es anfangs die Futterschleppen, so verfeinerte und erschwerte sich die Einarbeitung auf der künstlichen Schweißfährte bis auf 72 Stunden. Unter Anleitung meines Freundes und damaligen Vorgesetzten Uwe Tabel tarierten wir die Leistungsgrenze eines Hundes auf der Schweißfährte aus und absolvierten die Verbandsschweißprüfungen auf der über 20- und 40-Stunden-Fährte als Prüfungssieger. Treu wurde ein exzellenter Riemenarbeiter. Er stand damals keinem Spezialisten aus dem Lager der Schweißhunderassen nach. Viele äußerst schwierige Nachsuchen habe ich mit ihm erfolgreich gemeistert, auch manche, auf der bereits andere Hunde gescheitert waren. Treu war Riemenarbeiter und Hetzhund. Er fing das verletzte Reh und zeigte dann als Totverweiser, wo er das Stück gepackt hatte. Nachdem ich zahlreiche weitere Hunde auf der Schweißfährte auf nahezu 10.000 Einsätzen geführt habe, steht für mich fest, dass Treu der perfekteste von all meinen Hunden gewesen ist.

Mit ihm habe ich auch auf zahlreichen Vorführungen eine von Uwe Tabel und mir erarbeitete besondere Führungsmethode, nämlich das „Verharren“ zeigen können. Eine Methode, bei der der Hund mir klar signalisiert, dass er Nasenkontakt mit der Wundfährte hat. Auf diese Weise habe ich später alle meine Hunde abgeführt, auch die Hannoverschen Schweißhunde. Da Rehe mit Körpertreffern meist im Umkreis von wenigen Metern liegen, werden sie von den Jägern vor Ort auch meist selbst gefunden. Umgekehrt kann man feststellen, dass Stücke, die nicht im 100-Meter-Radius liegen, Treffer haben, die nicht zum sofortigen Tod führen. Daher sind mehr als zwei Drittel aller meiner Nachsuchen auf Rehe mit Hetzen verbunden. Mit Treu hatte ich einen Hund, der sowohl eine bestechende Riemenarbeit verrichtete als auch konsequent hetzte und nicht aufgab, bis das kranke Reh gefangen war. Selbst bei hohen Außentemperaturen kam er nach erfolgreicher Hetze mit seinem Bringsel zurück und führte mich zum verendeten Bock. An einem warmen Sommerabend im Juli, die Blattzeit hat gerade begonnen, erhalte ich von einem bekannten Jäger einen Anruf, in dem er mich um eine Nachsuche auf einen Rehbock bittet. Er berichtet, dass er ihn am Rande eines Weizenschlages beschossen habe und dass der Bock auf den Schuss hin im Weizen verschwunden sei. Man hatte Schweiß gefunden, das Stück aber nicht. Ich verabrede mich für den nächsten Morgen zwecks Nachsuche. Am Anschuss finde ich Schweiß, hellrot und blasig, sowie winzige Teile von Lungensubstanz.

Der Sitz der Kugel ist klar, es kann sich nur um eine relativ kurze Totsuche handeln. Ich folge meinem Hund am langen Riemen. Zügig geht die Reise diagonal durch das Halmenmeer dieses etwa ein Hektar großen Schlages. Immer in Erwartung, dass wir jeden Augenblick vor dem verendeten Bock stehen werden. Aber dem ist nicht so! Die Fährte führt am gegenüberliegenden Ende des Feldes hinaus auf eine große Wiesenfläche. Der Graswuchs wird etwa 30 cm hoch gewesen sein. Da sehe ich in etwa 100 Meter Entfernung, wie ein Stück Rehwild aus der Wiese flüchtig den nahen Wald annimmt. Noch in dem Glauben, dass dies ein gesundes Stück Rehwild gewesen sein muss, folge ich meinem Hund, der stramm im Riemen liegend genau auf das Bett des eben beobachteten Rehs zusteuert. Dort verweist Treu intensiv die Lagerstelle im Gras und zeigt mir Schweiß. Ich kann es kaum glauben, aber das eben abgesprungene Reh muss der beschossene Bock gewesen sein. Mit wenigen Handgriffen ist die Schweißhalsung am Hund gelöst, und ab geht die Verfolgung auf der nun warmen Fährte in den Wald hinein. Nach kurzer Zeit Hetzlaut des Rüden und Augenblicke später das Klagen des Rehes. Ich kann mich an den Klagerufen gut orientieren und bin wenige Augenblicke später beim Hund, der den Bock mit sauberem Drosselgriff bereits getötet hat. Der erste Blick geht natürlich zur Schussverletzung. Der Bock hat einen abgezirkelten Blattschuss. Beim Aufbrechen stellen wir fest, dass die Lunge durchschossen ist. Dennoch hat dieser Bock die Nacht überlebt und noch die Kraft gehabt, um vor seinen Verfolgern fliehen zu können.

Einen ähnlichen Fall hatte ich Jahre später nochmal bei der Nachsuche auf einen Rehbock während der Blattzeit. Hier wurde ebenfalls der Hund nach erfolgter Riemenarbeit geschnallt, um das verletzte Stück zu fangen. Auch dieser Bock hatte einen Lungendurchschuss. Es gibt aber auch den umgekehrten Fall. Ich suche einen Bock nach, bei dem am Anschuss zweifelsfrei Knochensplitter vom Lauf liegen. Bei solchen Pirschzeichen rechne ich immer mit einer Hetze. In diesem Fall aber stehen wir nach wenigen Hundert Metern am verendeten Bock. Ich untersuche ihn genau: Der Vorderlauf ist mittig getroffen, Mittelfuß und Unterarmknochen zertrümmert. Es ist kein Geschosssplitter in den Wildkörper eingedrungen. Dennoch verendete der Rehbock nach kurzer Fluchtstrecke. Ich kann mir nur vorstellen, dass der Tod durch eine Embolie eingetreten ist. In den achtziger Jahren führte ich nur einen einzigen Hund, sowohl als Riemenarbeiter wie auch zur Hetze. Es waren in dieser Zeit auch überwiegend Rehe, zu deren Nachsuche ich gerufen wurde. Die große Schwarzwildschwemme setzte in den Jahren danach erst richtig ein. Das Beenden von Schmerz und Leid steht im Vordergrund unserer Nachsuchentätigkeit, aber selbstverständlich soll auch in jedem Fall das Stück Wild als Beute des Jägers gesichert werden. In der damaligen Zeit gab es noch keine GPS-Ortungsgeräte für unsere Hunde. Wie aber war die Örtlichkeit zu lokalisieren, wo der Hund gegebenenfalls das Reh gefangen und abgetan hat? Ganz einfach! Der Hund muss zurückkommen und mich als Führer zu der Stelle, wo er das Reh getötet hat, wieder hinführen. Und dass er das Stück erbeutet hat, zeigt er an, indem er ein an der Halsung befestigtes Lederstück in den Fang nimmt. Dieses Lederstück ist das sogenannte Bringsel, deshalb wird die Arbeit Bringselverweisen genannt!

Treu hatte ich zu einem Bringselverweiser ausgebildet. Er beherrschte diese Art des Anzeigens perfekt. Auch noch nach einer schweren Hetze besann er sich seiner Aufgabe, nahm das Bringsel in den Fang und kam zu mir zurück, um mich dann in langsamerer Gangart, immer Sichtkontakt zu mir haltend, zur Beute zu führen. Entwickelt bzw. erfunden wurde diese Art des Anzeigens durch einen Hund im 2. Weltkrieg zum Suchen von verletzten oder getöteten Soldaten beim Stellungskrieg in Frankreich durch Konrad Most und Franz Mueller-Darß. Treu begleitete mich immer frei bei Fuß. So pirschte ich auch an einem wunderbaren Maimorgen mit einem Gast auf einen Rehbock. Treu, wie immer, frei neben mir gehend. Da flüchtet plötzlich aus dem Gegenhang ein Stück Rehwild auf uns zu, um dann, diesseitig einen Hang annehmend, über die Höhe zu verschwinden. Der Jagdgast weist mich im selben Moment auf eine Rotte Sauen in dem Bereich hin, aus dem das Reh in unsere Richtung geflüchtet ist. Ohne Kommando hetzt Treu dem Reh hinterher. Der Hetzlaut verklingt hinter dem Bergrücken, und ich glaube noch, das Klagen des Rehes in der Ferne zu vernehmen. Der Jagdgast und ich stehen sprachlos am Ausgangsort. Ich bin verwundert und wütend, dass mein gut erzogener und disziplinierter Hund sich erstmals von einem flüchtenden Reh aus seinem Gehorsam hat bringen lassen. Nach einer ganzen Weile taucht der Rüde dann plötzlich auf dem Bergrücken, auf seiner Rückfährte, vor uns auf. Er eräugt uns, bleibt stehen und trägt sein Bringsel im Fang. Er fordert mich zum Folgen auf. Im Sichtkontakt klettere ich den Hang hoch, um über den Berg dem Vierläufer zu folgen. Im nächsten Graben bleibt der Hund stehen. Vor ihm liegt, verendet, mit sauberem Drosselgriff abgetan, ein Rehbock. Sofort erkenne ich den verkrüppelten Vorderlauf. Eine Verletzung, die offensichtlich von einer länger zurückliegenden Schussverletzung herrührt.

Hunde sind exzellente Bewegungsseher. Treu hatte beim Anwechseln des Rehes blitzschnell einen veränderten Bewegungsablauf erkannt. Mein Jagdgast und ich hingegen nicht! Aus seiner Erfahrung von zahlreichen Nachsucheneinsätzen, bei denen er immer wieder krankes Wild fangen muss, war Treu sofort klar, worum es jetzt ging. Er wartete mein Kommando nicht ab und nahm die Verfolgung des für ihn sichtbar verletzten Rehbockes auf. Um bei der Hetze nicht einen Hund zu verlieren, den ich über Jahre ausgebildet habe und der durch seine zahlreichen Einsätze ein enormes Erfahrungspotenzial sammeln konnte, arbeite ich mit einem zusätzlichen Loshund. Das hat überhaupt nichts damit zu tun, dass meine Hannoveraner nicht auch hetzen können, sondern es ist dem Schutz des zuverlässigen Riemenarbeiters geschuldet. Die größte Gefahr bei der Nachsuche beginnt in aller Regel dann, wenn der Hund geschnallt wird. Gerade in einem Gebiet mit hoher Verkehrsdichte, wie es bei mir im Einsatzgebiet rund um den Nürburgring der Fall ist, ist die Wahrscheinlichkeit eines Zusammenstoßes mit einem Fahrzeug immer sehr hoch. Deshalb ist und war es mir bei zahlreichen Nachsucheneinsätzen nicht möglich, einen Hund zu schnallen, wenn das kranke Stück vor uns flüchtig wurde. Zum Schutz meines Hundes aber auch zum Schutz der Verkehrsteilnehmer. Allein durch das Zurückhalten des Hundes konnte manches Stück Wild nicht zur Strecke gebracht werden. Der Loshund ist meines Erachtens genauso wichtig und wertvoll wie der Riemenarbeiter. Ich brauche ihn für die Rehwildnachsuchen als Fänger ebenso wie als Bodyguard für meinen Hannoverschen bei der Nachsuche auf wehrhaftes Wild. Schweißarbeit ist Teamarbeit! Bei mir besteht das Team aus dem Riemenarbeiter und dem Loshund, natürlich zusammen mit einem Loshundführer, der mich auch aus Gründen der Unfallbestimmungen begleiten muss. In diesem Verbund waren wir bis heute sehr erfolgreich und haben viele Stücke Wild von längeren Qualen erlösen können. Und ganz nebenbei – wir haben auch manchen Jäger beruhigen und glücklich machen können.

Ulrich Umbach, Jahrgang 1950, Forstmann und Kreisjagdmeister in der Vulkaneifel, führte und führt 7 Hannoversche Schweißhunde und 9 Deutsch Drahthaar zwischen Ahr und Mosel bis zur belgisch-deutschen Grenze

Verflixt und zugenäht

Ulf Muuß

„Hätte ich doch bloß nicht nochmal geschossen!“ Thomas (alle Namen geändert) wusste genau, dass diese Nachsuche zu den definitiv vermeidbaren gehörte. Im Neuschnee war er die Fährte einer Rotte Sauen ausgegangen und tatsächlich bis auf wenige Meter herangekommen. Ein etwas abseits stehender Überläufer lag im Feuer. Blitzschnell in den Knall hinein repetiert, wurde der Jäger den zweiten Schuss auf eine abspringende Sau los. „Die hat sich aber im Schuss von mir weggedreht – der Schuss muss irgendwo vorne sitzen.“ Auf die Ansagen von Thomas konnte man sich recht gut verlassen, das wusste ich von früheren Einsätzen. Ein paar Hundert Meter war er der problemlos zu haltenden Schweißfährte durch ein offenes Fichtenstangenholz gefolgt, dann hatte er abgebrochen. Treffer vorn und keine Totflucht – das hörte sich nach Lauf- oder Gebrechschuss an. Die Tage waren kurz und eine Nachsuche am späten Nachmittag erschien bei diesen Vorzeichen wenig geistreich.

Der kleine Knochensplitter, den wir am nächsten Morgen am Anschuss finden, lässt keine Rückschlüsse auf den Sitz der Kugel zu. Schnitthaar ist auch nicht mehr zu finden. Unser Plan sieht so aus: Thomas und zwei Mitjäger sollen zunächst mithilfe meines Ortungssystems den Fährtenverlauf verfolgen, den Rückwechsel sichern und mich informieren, sobald es sich anbietet, mit Vorstehschützen zu arbeiten. Links und rechts lasse ich Marcel und Alex flankieren, um die möglicherweise vor uns aus dem Wundbett aufstehende Sau direkt erlegen zu können. Bei dieser Strategie braucht man nicht nur gute, sondern vor allem auch absolut disziplinierte Schützen. Sie müssen den Finger auf das kranke Stück geradelassen, wenn keine hundertprozentige Sicherheit gewährleistet ist. Die beiden Männer an meiner Seite vereinen diese Eigenschaften. Außerdem haben sie meinen Rüden „Baldur" und mich schon öfter begleitet. Sie kennen seinen Suchenstil und haben als erfahrene Hundeführer auch ein Näschen dafür, wenn es drauf ankommt. So ziehen wir los, es geht stetig bergauf. Die Fährte steht im tiefen Schnee hervorragend, und wir kommen gut voran. Aus der langsam abnehmenden Bestätigung werde ich allerdings immer noch nicht so recht schlau. Erst als wir eine kleine Landstraße kreuzen und die Sau sich dafür den mit Abstand steilsten Abschnitt der Böschung ausgesucht hat, bin ich mir ziemlich sicher: Sie hat einen Treffer im Kopfbereich. Durch das massive Trauma infolge des Schusses ist sie offensichtlich nicht in der Lage, ihre bekannten Wechsel einzuhalten. Jetzt wird klar, dass wir „das große Besteck" auspacken müssen und auch noch etwas Glück brauchen werden, um die Sau zu erlösen.

Das besagte Besteck meint eine stattliche Anzahl von Vorstehschützen. In aller Regel stellen sich gebrechkranke Schwarzkittel nicht dem Hund. Letzterer muss der Sau schon körperlich deutlich überlegen sein und die notwendige Schärfe mitbringen, sonst bleibt eine Hetze höchstwahrscheinlich erfolglos. Also muss man weiträumig die bekannten Wechsel, Zwangspässe und unbedingt auch den Rückwechsel besetzen, bis an das Stück heranarbeiten und dann hoffen, dass es an einer dieser Stellen passend vor die Schützen kommt. Mit dieser Methode bekommen Baldur und ich die Mehrzahl der Stücke mit Gebrech- und Krellschüssen. Thomas telefoniert Verstärkung herbei, und ich alarmiere meine WhatsApp-Gruppe „Vorstehschützen Nachsuche". Eine Stunde später haben wir über ein Dutzend Freiwillige Gewehr bei Fuß. So etwas berührt mich dann immer, wenn Menschen alles stehen und liegen lassen, um zu helfen und dazu beizutragen, das Leiden eines verletzten Tieres zu verkürzen. Es kann also weitergehen. Eine ziemlich ekelhafte Dickung können wir uns ersparen, weil Thomas die Wartezeit genutzt hat, um auf den Waldwegen zu kreisen und den Auswechsel zu finden. Die schlechte Nachricht ist, dass es jetzt in eine riesige ehemalige Windwurffläche hineingeht. Hier stecken bekanntermaßen mehrere Rotten Sauen und sonstiges Wild. Als die Schützen in Position sind, tauchen wir in dieses „Wohnzimmer" ein mit Marcel und Alex wieder als Flankierer. Gleich zu Anfang tritt Baldur auf einen Hasen und stößt kurz darauf zwei Rehe aus ihren Betten, was ihm aber kaum ein Hinterheräugen abnötigt. Die aufwendige Einarbeitung macht sich bezahlt und die Routine von ein paar Hundert Nachsuchen ebenfalls.

Wir haben uns gut eine Stunde lang vorangearbeitet und es geschafft, uns trotz der geringen Sichtweite nicht aus den Augen zu verlieren. Dann wird die Riemenarbeit schwieriger. Es geht kaum noch geradeaus, und Baldur muss mehrfach bögeln, um die Fährte zu halten. Aus den Teilnehmern der Nachsuche hatte ich zwischenzeitlich eine neue WhatsApp-Gruppe erstellt. Es hat sich bewährt, die Vorstehschützen von Zeit zu Zeit auf den aktuellen Stand zu bringen, um ihre Aufmerksamkeit hochzuhalten. Sie stehen unter Umständen mehrere Stunden an einer Stelle und müssen dann wenige Sekunden nutzen, um den Schuss anzutragen, der über Erfolg oder Misserfolg entscheidet. Also schreibe ich in die Gruppe: „Achtung aufpassen, es wird interessant!“ Wenige Minuten später kommen wir an den Rand einer 40 Hektar großen Laubholzdickung. Hundert Meter weiter erkenne ich einen Vorstehschützen, vorbildlich komplett in Signalfarben. Direkt vor uns liegt eine bürstendichte, hüfthohe Fichtennaturverjüngung, da geht es mitten hinein. Marcel und Alex flügeln perfekt links und rechts mit. Wenn die Sau hier steckt, hat sie schlechte Karten.

Eine Riemenlänge weiter schlägt Baldur an, giftiger tiefer Standlaut. Kein Zweifel: Der Überläufer ist direkt vor uns. Und er rührt sich nicht von der Stelle. Ich nutze die Zeit, um mir den Riemen um die Hüfte zu knoten und repetiere durch. Gerade noch rechtzeitig, da rauscht irgendetwas knapp an mir vorbei. Den Hund und meine beiden Mitläufer weiß ich in Sicherheit, die nächsten Vorstehschützen weit hinter uns, und so werfe ich einen Schuss hinterher. Kann klappen, klappt auch manchmal, diesmal nicht. Baldur gebärdet sich wie wild – verständlich, er will hinter der Sau her, die wir nun schon ein paar Stunden verfolgen. Da fällt ein weiterer Schuss. Marcel, Alex und ich hängen dem Schweißhund auf der frischen Fluchtfährte nach und stellen fest, dass die Sau metergenau in ihrer Hinfährte zurückgewechselt ist. Jeden Haken hat sie mitgenommen. Auf jeden Fall weiß sie wieder, was sie tut. Wir kommen am Schützen vorbei, es ist Pascal. Er hat erst meinen Schuss gehört, dann den Zuruf seines Nachbarn, der den Überläufer sehen, aber mangels Kugelfang nicht beschießen konnte. Er bestätigt nun auch endgültig den Gebrechschuss. Und an Pascals Anschuss? Nix, kein Schnitthaar, kein Tröpfchen Schweiß, nix, auch nicht in der weiteren Fährte. Das war ein verschossener Elfmeter. Ob wir noch eine weitere Chance bekommen werden? Die Schützen werden kurz per Sprachnachricht auf den aktuellen Stand der Dinge gebracht, und es geht zurück in die Kyrillfläche, Marcel und Alex mit etwas Abstand links und rechts in meinem Rücken. Nach vielleicht einer halben Stunde poltert etwas neben Baldur und mir nach hinten weg, kurz darauf ertönen erst ein Schuss und dann wüste Flüche. Das kranke Stück ist so unglücklich genau zwischen meinen beiden Flankierschützen durch, dass sie zunächst nicht schießen konnten, ohne sich gegenseitig zu gefährden. Der hinterhergeworfene Schuss auf die dann schon im verschneiten Geäst verschwundene Sau ging vorbei.

Wir stehen da wie die begossenen Pudel, tatsächlich mittlerweile auch ohne einen einzigen trockenen Faden mehr am Leib. Als wir versuchen, das ganze Pech in Worte zu fassen, zerreißt ein Doppelschuss die Stille. Sofort steigt die Stimmung – das muss es doch jetzt gewesen sein! Jetzt müssen wir sie doch kriegen! Der Hund schleift uns wieder quer durch die Dickung bis an den Auswechsel, wo der Schütze schon in gebückter Haltung in der Fährte nach Pirschzeichen sucht. Es gibt keine, wie bei sauberen Fehlschüssen allgemein üblich … Jetzt drängt die Zeit, in spätestens zwei Stunden ist es zappenduster. Das Umstellen der Schützen dauert eine gefühlte Ewigkeit, Hund und Herrchen klappern mit den Zähnen um die Wette, die Kälte dringt bis in die Knochen. Dann endlich weiter, hangauf, hangab, die Sau macht weite Sätze, bis wir in der Dämmerung an einen mehrere Meter breiten Bach kommen, der auch die Reviergrenze darstellt. Hier spult der erfahrene Rüde sein Programm ab. Rüber auf die andere Seite, zwanzig Meter nach links, nix, zurück, fünfzig Meter nach rechts, auch nix. Wieder links, dann zurück auf das Ufer des Einwechsels, vielleicht hat sie einen Widergang gemacht? Hat sie nicht. Wir laufen im Bachbett rauf und runter; hier und da reisert Baldur an überhängenden Ästen, da muss das kranke Stücke lang sein. Mittlerweile ist es dunkel geworden, nur die geschlossene

Schneedecke erlaubt überhaupt noch ein Weiterarbeiten. Das ist noch vertretbar, weil hier alles offen ist – nichts, wo eine Sau sich stecken könnte. Es ist mir klar, wo die Sau hinwill – nur welchen Wechsel genau sie genommen hat, das will ich heute noch unbedingt rauskriegen. Meinem Hund habe ich beigebracht, sich nicht von der Fährte runterziehen zu lassen, auch nicht mit Gewalt. Gewollter Ungehorsam sozusagen. Das wird jetzt zum Bumerang. Baldur lässt sich nicht weiter als zwanzig Meter am Ufer entlang leiten, dann stemmt er sich gegen den Zug am Riemen und zieht mit aller Kraft zurück in die Richtung, wo er sich seiner Sache noch sicher war. Die Mitstreiter suchen unterdessen auf der Talwiese in beiden Richtungen nach der Fährte und finden auch eine, im Schein der Taschenlampe sogar mit einem Tropfen Schweiß drin. Unsere Sau ist ziemlich genau vierhundert Meter weit im Wasser gezogen, um uns abzuschütteln, das habe ich in zwanzig Jahren noch nicht erlebt. Im Berufsverkehr auf der stark befahrenen Talstraße zeigt Baldur uns den Abgang, den wir deutlich verbrechen. Es wird nicht mehr viel gesprochen auf der Fahrt zu unseren weit entfernten Autos, nur dass es morgen weitergeht und wir die Details später klären. Zu Hause haben wir Besuch, gegessen wurde schon. Meine mangelnde Geselligkeit an diesem Abend nimmt mir niemand übel. Den Pächter des Revieres, in dem es morgen weitergeht, informiere ich am Telefon über den Stand der Dinge und die weitere Planung.

Pünktlich zur vereinbarten Uhrzeit trifft sich eine deutlich kleinere Schar von Jägern an einem Holzlagerplatz unweit des Überwechsels. Mir sind das zu wenige. Ich biete an, noch zwei Schützen nachzuholen, die sind startklar und wären in gut zehn Minuten hier. Der Pächter hält das nicht für notwendig, alle Wechsel seien abgestellt. Nun gut. Heute begleitet mich Annika mit ihrem Heideterrier, der über reichlich Sauschärfe verfügen soll. Baldur packt die Fährte sofort wieder an und zieht los, steil bergauf. Der Hang ist vom früheren

Bergbau geprägt, teilweise bildet der Fels richtige Klippen und Steilwände. Unter dem Schnee loses Geröll, wir müssen gut aufpassen, dass wir nicht den Halt verlieren. Gerade als ich mich mal wieder mit beiden Händen festhalten muss, steht die Sau 20 Meter oberhalb von uns auf. Sie hatte sich trocken unter einem Felsüberhang eingeschoben. Deutlich sehe ich den Unterkiefer herabhängen, aber bevor ich den 98er von der Schulter habe, ist sie schon verschwunden. An Schnallen ist nicht zu denken, die Talstraße unter uns ist kaum hundert Meter entfernt. Zum Glück geht die Flucht in die erwartete Richtung, dahin, wo unsere Vorstehschützen stehen. Baldur lässt sich kaum beruhigen, ein paar Minuten Pause müssen wir uns geben. 25 Kilo geballte Energie am Strick sind bei diesen Gegebenheiten eine Gefahr für die eigene Gesundheit. Bald wird das Gelände moderater, und wir können richtig Meter machen. Der Hauptwechsel, den die Sau angenommen hat, ist breit ausgetreten und verläuft im halben Hang, ganz typisch für unser Bergisches Land. Wir durchqueren lichte Althölzer und kreuzen kleine Täler, perfekte Plätze für Drückjagdstände und natürlich Vorstehschützen. Von beidem jedoch keine Spur … Da klingelt das Telefon. Könnte ja mit der Nachsuche zusammenhängen. Also sichere ich den Riemen, ziehe die dicken Lederhandschuhe aus, hole das Hartschalen-Etui aus der Tasche, das Handy wiederum aus dem Etui. Bis dahin ist aber schon der Anrufbeantworter angesprungen. Also rufe ich zurück. Es meldet sich ein Jäger aus dem Gegenhang, der zu berichten weiß, dass vor wenigen Minuten genau da, wo wir gerade herlaufen, ein Wildschwein längsgezogen ist. Ich versuche so höflich wie möglich zu antworten, packe alles wieder zurück und entschuldige mich bei meinem Hund für die unnötige Unterbrechung.

Wir nähern uns einer kleinen Siedlung mitten im Wald. Unter uns im Tal Häuser und kleine Betriebe, da geht kein Wechsel rüber. Baldur zieht uns auf die Ortschaft zu, die von einem Herrenhaus mit

Wassergraben und Schlossteich geprägt ist. Wenn es geradeaus weitergeht, hätte das kranke Stück über eine größere Wiese ziehen müssen, was es bei vollem Tageslicht wahrscheinlich vermeiden wird. Vor allem, wenn mitten auf dem freien, verschneiten Feld weithin sichtbar ein Schütze steht wie eine Vogelscheuche. Ein breiter Damm führt über den Graben auf die andere Talseite, das wäre der logische Fährtenverlauf und der ideale Platz für einen Vorstehschützen. Kein Schütze zu sehen, und die Fährte geht anscheinend auch nicht weiter; der Hund dreht nach einer Riemenlänge um und sucht zurück, aber wir kommen nicht recht vom Fleck. Baldur untersucht eine große Verrohrung, denn er hat auch schon mal erlebt, dass krankes Wild dort Zuflucht gesucht hatte. Er arbeitet 200 Meter weit in der Fährte zurück, um zu prüfen, ob wir in einen Widergang gelaufen sind, aber nach einer guten Viertelstunde stehen wir wieder am Damm. Da hilft nur noch Umschlagen und siehe da – unser Stück ist durch den Teich geronnen und eng an der zum Gut gehörenden Kapelle vorbei ins offene Holz gezogen. Ein neuer Schlachtplan muss her, und so treffen wir uns alle nach wenigen Minuten an dem kleinen Gotteshaus. Offenbar kommt jetzt erst einmal nichts, wo sich ein krankes Stück Schwarzwild einschieben würde, und ganz oben am Kreuz Soundso sollte sich zeigen, ob es nach links oder rechts geht. Annika und ich folgen Baldur in raumgreifenden Schritten. Man merkt dem Hund die Freude über die wiedergefundene Fährte an. Unsere Mitjäger können uns mit ihren Autos auf einer kleinen Teerstraße folgen. Mit jedem Höhenmeter wird die Schneedecke höher, und als wir „oben am Kreuz" rauskommen, stehen wir in der schönsten Winterlandschaft.

Es geht über die Straße nach rechts, direkt vor uns eine Wand aus Ilex. Das ist jetzt wieder ein anderes Revier. Dessen Pächter war lobenswerterweise schon mit weiterer Verstärkung angerückt und berichtet von einem großen Nadelholz-Dickungskomplex, der sich an das Ilexgestrüpp anschließt. Wir entscheiden uns für die großräumige Variante. Das Abstellen nimmt naturgemäß wieder geraume Zeit in Anspruch. Gerade als alle ihren Platz eingenommen haben, kommt Markus angefahren, den ich heute gern schon von Anfang an dabei gehabt hätte. Es gibt nicht viele derart erfahrene Stöberhundleute wie ihn, und er kennt die Ecke hier wie seine Westentasche. Er hört sich die ganze Geschichte und unseren Plan an und meint nur: „Die steckt hier im Ilex, jede Wette, da haben wir schon ein paar Mal kranke Sauen drin gefangen!" Markus bietet an, den Bestand zu umschlagen. Ich stimme zu, er stiefelt los und steht zwanzig Minuten später mit der frohen Kunde vor uns, dass die Sau nirgendwo raus ist. Also alle Schützen wieder zurück und in zwei Richtungen ausrücken, mit dem ausdrücklichen Hinweis, möglichst lautlos vorzugehen und sich nur über Handzeichen zu verständigen. Als ich denke, dass allmählich der Kessel geschlossen sein müsste, ruft der Schütze an, der den ersten Stand vom Treffpunkt aus eingenommen hatte. Den hatte er bekommen, weil er nicht sehr gut zu Fuß ist. Da er seinen Sitzstock vergessen hatte, war er noch mal eben zum Auto zurück, um diesen zu holen. Als er nach wenigen Minuten wieder an seinem Platz eintrifft, steht wenige Meter daneben eine Saufährte raus, und darin (natürlich) ein Tropfen Schweiß. Die Vorstehschützen kennen ihre alten Stände ja noch, daher dauert das Umstellen jetzt nicht mehr so lange wie vorhin. Annika und ich tauchen mit unseren beiden Vierbeinern in die tief verschneite Dickung ein. Mit jedem Schritt fallen kleine Lawinen von den Douglasienzweigen in die Fährte, weiter als zwei Meter kann man nirgendwo gucken, und lange Zeit bekomme ich meinen Hund nicht mehr zu sehen. Endlich teilt sich die letzte Pflanzreihe vor uns, und es geht im halben Hang über eine Kalamitätsfläche, auf der der Borkenkäfer dem Fichtenaltholz den Garaus gemacht hat. Wir passieren in Schrotschussentfernung zwei Drückjagdstände, auf denen vor unserer „Rückrufaktion" Männer gesessen hatten, die zu den besten Drückjagdschützen im Bergischen zählen. Hier wäre das Leiden für das kranke Stück mit absoluter Sicherheit zu Ende gewesen. Wir müssen wieder umstellen. Unsere Reihen haben sich zwischenzeitlich gelichtet; den nächsten Dickungskomplex können wir nicht mehr komplett dicht machen. Mut zur Lücke heißt jetzt die Devise. Und tatsächlich kommen wir wieder an unsere Sau, Baldur wird laut am Riemen, sie hat uns relativ nah rankommen lassen. Blitzschnell ist der Heideterrier geschnallt. Der springt noch eine ganze Weile um uns herum, aber er packt die frische Krankfährte nicht an.

Ortswechsel: Auf dem Forstweg am oberen Dickungsrand führt Silvia ihre junge Bracke aus. Die hatte die vergangenen Stunden brav im Auto gewartet, während Frauchen die ihr zugewiesenen Fluchtwechsel bewachte. Jetzt musste sie dringend mal nässen. Mitten im Lösegang flüchtet die Sau mit baumelndem Unterkiefer vor den beiden über die angrenzende Kahlfläche. Der Repetierer liegt ein paar Meter weiter im Auto, sonst hätte Silvia ihr ganzes Magazin leer machen können. Geistesgegenwärtig schnallt sie den jungen Nachwuchshund, der den Überläufer auch sofort scharf angeht. Allerdings verteilt der heftige Schläge mit dem Wurf. Das war der erste Kontakt der jungen Hündin mit einem Schwarzkittel. Der junge Hund flüchtet daraufhin umgehend zu seiner Führerin. Das Telefon klingelt. Ein Spaziergänger hat in der Nähe der Teerstraße (neben der wir vorher entlanggearbeitet hatten) deutlich Schweiß gefunden und dies dem nächsten Schützen berichtet, an dem er anschließend vorbeigekommen ist. Die Richtung stimmt, und der Beschreibung nach sind wir an dieser Stelle noch nicht gewesen. Ob bei der Flucht ein Blutgefäß am Wurf wieder aufgerissen ist? Wir nutzen die bequeme Verbindung über die Forstwege und sind nach wenigen Minuten am Ort des Geschehens. Besagter Spaziergänger ist freundlicherweise umgekehrt und weist uns ein.

Meinen Rüden lege ich ab und kann im weißen Leithund wie in einem Buch lesen: Eine kleine Rotte Überläufer hat unweit der Straße unter den Alteichen nach Mast gebrochen. Ein Stück hat einen Kammertreffer bekommen, eine Totflucht von fünfzig Metern gemacht und ist dann zur Straße runter geborgen worden. Die Sache wurde nie endgültig geklärt. Von den ortsansässigen Jägern hatte keiner geschossen – es war ein weiterer von zahlreichen Wildereifällen in jener Zeit. Also Fehlalarm. Meinem Baldur scheinen nun allmählich die Kräfte und die Konzentration zu schwinden, durchaus verständlich nach zwei durchgearbeiteten Tagen. Markus ist sich sicher, dass seine beiden ausgeruhten Wachtelhunde die Sau würden binden können, sie muss nach der ganzen Tortur ja ebenfalls geschwächt sein. Wir schicken die durchgefrorenen Vorstehschützen in den wohlverdienten Feierabend und setzen die beiden Stöberhunde an der frischen Krankfährte an, obwohl die Sonne bereits untergegangen ist. Der in der Verlängerung liegende Dickungskomplex übt ehrlich gesagt inzwischen auch keinen großen Reiz mehr auf mich aus. Eine ganze Weile ist es ruhig, dann hören wir Fährtenlaut. Zwar vom Schnee gedämmt, aber es ist gut zu verfolgen, wie die Jagd in der riesigen Dickung hin und her geht. Standlaut ertönt nur we-nige Male, und das auch nur für Sekunden. Im letzten Licht kommt der ältere Wachtelhund in seiner Spur zurück. Er hat begriffen, dass die Sache aussichtslos ist. Der junge Heißsporn dagegen bleibt an der Sau. Weit über eine Stunde in völliger Dunkelheit vergeht, bis Markus seinen erschöpften Vierläufer endlich mit Hilfe der GPS-Ortung am Dickungsrand auflesen kann. Wir freuen uns, dass zumindest keiner verletzt wurde und fahren mit diesem schwachen Trost im Gepäck nach Hause.

Über Nacht ist es aufgeklart und das Thermometer fällt auf zweistellige Minusgrade, schwierige Bedingungen für die Nasenarbeit. Ich halte es daher für angebracht, erst nach Mittag anzusetzen und lasse mich morgens zur Abwechslung mal wieder bei meinem Arbeitgeber sehen. Für heute habe ich Sigi mit seinen beiden ausgeruhten und schwarzwilderprobten Deutsch-Drahthaar gewinnen können. Als wir uns gegen 13 Uhr treffen, ist es immer noch klirrend kalt, und die Aussichten auf Erfolg sind insgesamt alles andere als rosig. Wir wissen aber beide, was für ein Schicksal der armen Kreatur bevorsteht, deshalb ein letzter Anlauf. Der Rest ist schnell erzählt. Wir versuchen drei Stunden lang, irgendwo einen vernünftigen Anpack zu bekommen oder den Abgang zu finden, lassen zum Schluss die drei Hunde frei suchen, aber es hilft alles nichts. Wir haben unser Pulver verschossen. Drei Wochen später wird die Sau frisch verendet in dem Bach gefunden, an dem wir uns am ersten Abend so sehr die Zähne ausgebissen hatten.

Berufsjäger Ulf Muuß, geboren 1964 in Nordfriesland, führt Bayerischen Gebirgsschweißhund und sucht nach im Bergischen Land

Eine Nachsuche, zwei Stücke

Michael Hock

Eine innere Unruhe führt die Hirsche aus ihren teilweise weit entfernten Feisteinständen alljährlich auf die Brunftplätze um den Besings- und Lindenberg. In der Nacht sind vor der Hütte mehrere Hirsche zu vernehmen, die mit ihrem Kahlwild teilweise weit in die Feldmark ziehen. Der morgendliche Rückwechsel führt das Rotwild vom Feld durch eine schmalzüngig vorgelagerte Eigenjagd, bevor es die großen Dickungskomplexe des Paradiesgartens in meinem Revier erreicht. Als ich an jenem Morgen in noch sternumspannter Nacht aufbrach, schrien die Hirsche dicht am Haus auf dem an den Wald angrenzenden Luzerneschlag. Bevor das Wild den Tageseinstand mit undurchdringlicher Buchenjugend erreicht, muss es ein eineinhalb Jahrhunderte tragendes Altholz durchqueren. Hier wollte ich die ganze Gesellschaft erwarten. Der Morgen verging aber, außer des Anblicks zweier mittelalter Hirsche, ereignislos. Gerade als duftender Kaffee die müden Lebensgeister wieder erwecken wollte, klingelte das Telefon, und der Berufsjäger der angrenzenden Eigenjagd berichtete, er habe am Morgen einen älteren kranken Hirsch beobachtet, der in mein Revier einwechselte. Genau sei die Verletzung jedoch nicht anzusprechen gewesen. Als der Hirsch aber spitz von ihm wegzog, schien es, als sei das Kurzwildbret stark in Mitleidenschaft gezogen.

Keine 300 Meter trennten mich an diesem Morgen an meinem Ansitzplatz von jener Beobachtung. Wäre der Kranke dem Wechsel weiter gefolgt, hätte er mir auf gute Schussentfernung kommen müssen. Der Hirsch blieb aber nicht nur an diesem Morgen, sondern während der gesamten Brunft unsichtbar. Hätte sich unser Weg an diesem Morgen gekreuzt, wäre die Geschichte vermutlich anders verlaufen. Zu diesem Zeitpunkt erahnte ich aber nicht im Geringsten die Schwere der Verletzung. Die Brunft war längst zu Ende, die Buchen hatten ihr goldenes Kleid eingebüßt und der Wald erstarrte in winterlicher Stille. Es war die Zeit der vorweihnachtlichen Wildjagden, als mich ein morgendlicher Anruf mit der Bitte um eine Nachsuche auf ein Rotkalb ereilte. Die Regenperiode im Herbst verhinderte die Rübenernte auf einem Teil eines großen Rübenschlages in einer nicht weit entfernten Feldjagd. Die im Boden verbliebenen Zuckerrüben zogen jede Nacht Kahlwild und Hirsche aus der gesamten Umgegend an. Um den Unmut des ohnehin leidgewohnten Bauern nicht überzustrapazieren, war man bemüht, die nächtliche Versammlung durch den Abschuss einiger Stücke Kahlwild zumindest zeitweise aufzulösen. Im Zuge dieser Einsätze war im Laufe der Nacht bei einer leichten Schneedecke aus einem Rudel Kahlwild ein Kalb beschossen worden.

Das Stück war mit stark schonendem Vorderlauf zunächst im Rudel mitgeflüchtet, hatte sich aber dann bereits bald darauf, für den

Jäger unsichtbar, niedergetan. Vermutlich war das Kalb durch das nächtliche Ausgehen der anfangs stark schweißenden Fährte aufgemüdet worden und unbeobachtet weiter gezogen – so der Bericht des Schützen. Am Anschuss angekommen, ließ das Tageslicht durch eine leichte Schneedecke das Ausmaß des nächtlichen Besuchs erahnen: Trittsiegel stand an Trittsiegel. Die obligatorische Begutachtung des Anschusses bestätige die Schilderung des Schützen. Wir vermuteten einen hohen Vorderlaufschuss mit einer Verletzung des Brustkerns. Zuversichtlich legte ich meine mittlerweile im zehnten Behang stehende Hannoversche Schweißhündin „Laute vom Silberbach" zur Fährte. Lautes Wurfkiste stand im ehemals rotwildreichen Forstamt Eibenstock im Erzgebirge. Bereits als stirnrunzelnder Welpe zeigte sich die junge Dame äußerst selbstbewusst und zielstrebig. In Verbindung mit jener, den Schweißhunden eigenen inneren Ruhe, erwuchs daraus mit wachsender Erfahrung eine mit überdurchschnittlichem Finderwillen beseelte und absolut fährtentreue Begleiterin. Zusammen wurden wir ein Gespann und zusammen errangen wir manchen längst verloren geglaubten Bruch und gewannen so das Vertrauen der umliegenden Jägerei.

Der starke Frost in Verbindung mit einem eisigen Ostwind machte es der erfahrenen Hündin auf der kahlen Ackerfläche zunächst nicht leicht, aus dem Gewirr von Fährten die des kranken Kalbes herauszuarbeiten. Schließlich ging es aber immer zügiger voran. Die Feldflur ist in diesem Bereich von etlichen, unterschiedlich großen, vermoorten und meist mit dichtem Schilf und Weiden bewachsenen Vertiefungen durchbrochen. Der Ursprung dieser Sölle liegt weit verborgen in einer Zeit, als die großen Gletscher langsam der Sonne wichen. In der heutigen Zeit bilden diese feuchten Schilfflächen dem Wild in der offenen Landschaft das ganze Jahr hindurch Deckung und Einstand. Nach geraumer Zeit führte die Fährte des alleinziehenden Kalbes in Richtung eines solchen nicht allzu großen verschilften Solls. An dessen Rand standen nicht nur eine Menge aus der vergangenen Nacht stammende Rotwildfährten, sondern es war dort auch am Morgen frisch von Sauen gebrochen worden. Noch schweißte das Stück regelmäßig, und auch am Einwechsel verwies die Hündin am Schilf abgestreiften Schweiß, welcher in seinem gefrorenen Zustand aber selbst für ein geschultes Auge nur schwer seiner Herkunft zuzuordnen war. Da ich mir nicht im Klaren darüber war, ob das Kalb bereits verendet oder noch am Leben war und welches Wild eventuell noch in der Schilffläche seinen Tageseinstand genommen hatte, umschlugen wir zunächst das Soll in gebotenem Abstand. Die Wundfährte stand nicht heraus, das Kalb musste also stecken.

An diesem Tage begleitete uns unser noch sehr junger Kleiner Münsterländerrüde „Hatz von der Reuterstadt". Hatz sollte einmal die nun doch langsam alternde Schweißhündin bei schweren Hetzen unterstützen und wurde von dem uns begleitenden Berufsjäger nachgeführt. Der junge Rüde sollte bei sich bietender und zur Einarbeitung geeigneten Gelegenheit dazugeschnallt werden. Ich gab Laute Riemen, und wir suchten in das dichtstehende Schilf hinein. Das aufgemüdete Kalb war offenbar in der vergangenen Nacht mit schwindender Kraft und ohne die gewohnte Führung seiner Mutter in der Sicherheit versprechenden Deckung unruhig umhergezogen. Die Krankfährte stand hier kreuz und quer übereinander. Laute arbeitete die Fährte gewohnt sicher, aber deutlich heftiger werdend, Bogen für Bogen aus. Als wir an mehrere bereits kalte Wundbetten kamen, war ich mir sicher, dass das kranke Stück kurz vor uns war. Und so war es auch: Am jenseitigen Rand des kleinen Bruchs wurde das Kalb vor uns hoch und flüchtete sichtlich krank über den angrenzenden Acker. Laute war im Nu geschnallt, und die Hetze ging lauthals ab. Jetzt ließ ich auch Hatz dazuschnallen, um beiden Hunden zusammen den sicher gewähnten Erfolg zu gönnen. Der Rüde hatte das kranke Kalb jedoch nicht gesehen und fand in seiner jugendlichen Unerfahrenheit nicht so schnell Anschluss an die Hetze. Laute, die es Zeit ihres Lebens gewohnt war, die Dinge allein zu „regeln“, empfand den Versuch, ihr den jugendlichen Gesellen beizustellen, wohl eher als Vertrauensbruch denn als gutgemeinte Hilfe. Sie brach die Hetze ab und kam sichtlich beleidigt zurück.

Anstatt den sicher geglaubten Erfolg genießen zu können, war ich zunächst damit beschäftigt, den mit der Situation überforderten jungen Rüden wieder einzufangen. Alles Jammern und Fluchen half nichts. Nach einer kurzen Beruhigungspause nahm ich die Schweißhündin wieder an den Riemen und arbeitete die frische Fluchtfährte in das sich in Sichtweite befindliche nächste, deutlich größere Soll. Ich war mir sicher, dass sich das Kalb dort schnell wieder stecken würde. Jetzt musste es gelingen! Wieder in der Deckung angekommen, begann das Kalb sofort seinem Urinstinkt folgend, erneut Bogen und Haken zu schlagen, um die Verfolger abzuschütteln. Laute arbeitete die frische Fluchtfährte zügig aus, so dass wir schnell vorankamen. Schweiß war nur noch selten zu finden, aber immerhin wusste ich, dass wir richtig waren. Hier im dichten Schilf lag der Schnee zu spärlich, um die Fährte mit dem Auge erkennen zu können. Plötzlich brach dicht vor uns deutlich hörbar ein Stück Rotwild weg. In der Annahme, das kranke Kalb vor uns zu haben, schnallte ich Laute erneut. Das dichte Schilf verschluckte die Hündin und ihren Laut. Der Berufsjäger, der mit Hatz draußen, am Rande des Solls „abgelegt“ war, hatte die Hetze gut beobachten können und berichtete, dass Laute nicht etwa das kranke Kalb, sondern einen stärkeren, wie es schien hinterlaufkranken Hirsch hetzte. Das war eine schöne Bescherung! Der Hirsch musste unmittelbar neben der Krankfährte gesessen haben, und erst als wir uns ihm auf wenige Meter genähert hatten, flüchtig geworden sein. Dass der Hirsch uns in dem trockenen und gefrorenen Schilf nicht hatte kommen hören, ist unwahrscheinlich. Auch wird ihm das in seiner Nähe umherziehende Kalb nicht verborgen geblieben sein. Die Windverhältnisse in dem mindestens eineinhalb Meter tiefer als die Ackersohle liegenden Bruch waren unsicher. Die ganze Sache erschien jedenfalls rätselhaft. Dass der Hirsch tatsächlich krank war, erschien unter Beachtung der Umstände allerdings durchaus denkbar.

Ich versuchte über den freien Acker Anschluss an die Hetze zu bekommen. Hatz blieb nun an der Leine, denn eine erneute Fehlhetze galt es für den jungen Hund unbedingt zu vermeiden. Je länger Laute am Hirsch blieb, umso wahrscheinlicher wurde es, dass mit ihm etwas nicht in Ordnung war. In ihren jungen Jahren war Laute verlässlich fährtenlaut gewesen, jetzt im reiferen Alter nahm die Lautfreudigkeit ab. Sie hatte gemerkt, dass sie so Kräfte sparen konnte und ohne Laut schneller dicht an das Wild herankam. Ein Verhalten, welches bei älteren, erfahrenen Hunden nicht selten zu beobachten ist. Am Horizont deuteten sich erneut die Umrisse eines mit Weiden und Schilf bestandenen Bruches an, in dessen Richtung die Hetze ihren Verlauf genommen hatte. Als ich nur noch einen guten Büchsenschuss von dessen Rand entfernt war, vernahm ich deutlichen Standlaut. Ein gesunder Hirsch würde sich kaum vor dem Hund stellen, zu dieser Jahreszeit schon gar nicht. So leise es irgend ging, versuchte ich, in dieser Schilf- und Weidenwildnis immer unter Wind bleibend, an das gestellte Stück heranzukommen, um endlich Klarheit über den Hirsch zu erlangen. Der Laut des Hundes und der mit dem Geweih nach seinem lästigen Bedränger schlagende Hirsch waren deutlich zu vernehmen. Aber das dichte Schilf erlaubte kaum mehr als zwei Meter Einblick – da brach der Hirsch wieder aus, um sich etwa hundert Meter entfernt erneut dem Hund zu stellen. Wieder versuchte ich heranzupirschen, und wieder bot das Schilf keine ausreichende Sicht.

Da entsann ich mich, das mir beim Angehen am gegenüberliegenden Rand des Bruchs ein Hochsitz aufgefallen war. Der Sitz war so hoch, dass es möglich schien, von ihm aus Einblick in die Wildnis zu erlangen. So schnell es ging, umschlug ich das Bruch, immer auf den Wind achtend, und erklomm leise das Bauwerk. Und tatsächlich bot der Sitz zwischen Weidenbüschen, Schilf und Randsträuchern wenigstens etwas Sichtfeld. Nach kurzer Zeit nahm die hin- und hertobende Hetze tatsächlich meine Richtung. Schon war zwischen dem am Rand lockerer stehenden Schilf für einen kurzen Augenblick der Hirsch zu sehen, und genau hinter einem weitverzweigten Schlehenstrauch stellte der Hund auf etwa 50 Schritt den Hirsch. Viel mehr als die Umrisse waren durch den Schleier der Äste nicht zu erkennen. Der Hund war nur durch den Laut zu erahnen. Über die Verletzung konnte ich mir noch immer kein Bild machen. Dass der Hirsch aber zweifelsohne krank war – dessen war ich mir sicher. Kein gesunder Hirsch würde sich so nachhaltig vor einem Hund stellen, sondern hätte längst sein Heil in weiter Flucht gesucht, und die Hündin hätte abgelassen. Der erfahrene Berufsjäger, selbst Hundeführer, hatte mir mit auf den Weg gegeben, den Hirsch zu erlegen, sollte er wirklich krank sein. Der Hirsch stand wie zu einer Säule erstarrt vor dem verbellenden Hund, immer gedeckt im Schutz der Schlehe. Keinesfalls wollte ich mit einem leichtfertigen Schuss durch das Geäst meinen Hund gefährden. Ich brauchte nur warten, die glückliche Wendung schien sicher. Der eiskalte Ostwind gefror mir auf meinem erhöhten Posten allerdings langsam die Finger. Schon überlegte ich, ob ich den Hirsch nicht doch angehen sollte, da riss sich dieser urplötzlich aus seiner Erstarrung und brach nach hinten aus, ohne dass ein Schuss möglich war. Weiden und Schilf hatten Hirsch und Hund wieder verschluckt. Die Chance war vertan, ich wusste, jetzt wurde es schwer, die Suche noch zu einem guten Ende zu führen.

Da der Stand guten Überblick über das Bruch und die umgebenden Felder bot, blieb ich zunächst abwartend sitzen. Nach einem kurzen Moment bemerkte ich am äußersten Rand den Hirsch, wie er das freie Feld annahm. Laute folgte in größerem Abstand. Der mittlerweile vorgestellte Schütze des Kalbes schoss den flüchtigen Hirsch leider zweimal vorbei. Hinter der nächsten Anhöhe kamen Hirsch und Hund außer Sicht. So schnell ich konnte, eilte ich beiden nach. Ich war mir sicher, dass der Hirsch nun versuchen würde, den nicht allzu weit entfernten Wald zu erreichen. Bei seiner Flucht über das offene Feld sah ich den Hirsch zum ersten Mal ganz frei – wenn auch auf weite Entfernung und lediglich mit bloßem Auge. Eine offensichtliche Verletzung konnte ich nicht erkennen. Wer weiß, was mit dem Hirsch war, und über wie viele Berge er jetzt flüchten würde. Schließlich hatten wir ja noch das Kalb zu suchen, und so ein Wintertag ist kurz. Viel Zeit hatte ich allerdings nicht, meinen Gedanken nachzuhängen, denn kaum erreichte ich die Kuppe, da hörte ich nicht weit entfernt Hetzlaut, der schnell in Standlaut überging. Alle zweifelnden Gedanken waren vergessen. Laute stellte den Hirsch in jenem Bruch, in das am Vormittag das Kalb geflüchtet war und in dem wir zum ersten Mal Kontakt mit dem rätselhaften Hirsch hatten. Der Berufsjäger und der Schütze erwarteten mich bereits. Der Plan war schnell gemacht. Den Schützen postierten wir auf einem Sitz an der Spitze des Bruchs, und der Berufsjäger wollte versuchen, ein Ausbrechen auf der gegenüberliegenden Seite zu verhindern. Ich ging den Hirsch an. Diesmal gelang es! Auf einer schmalen Lücke, auf der das Schilf nicht so dicht stand, konnte ich dem Hirsch auf wenige Schritt eine Kugel schräg von hinten auf die letzte Rippe setzten, und ein schneller zweiter Schuss ließ ihn auf der Stelle verenden.

Bei der nähren Untersuchung des Hirsches bot sich uns ein schauriges Bild. Dem Hirsch war der Pinsel mit dem gesamten Kurzwildbret von der Bauchdecke gerissen und hing lang herunter. Die Verletzung war nicht frisch, sondern musste schon älter sein. Die blanke Haut war ledrig schwarz und die gesamte Wunde stark vereitert. Der Hirsch war stark abgekommen. Die zwischen den Hinterläufen herabhängende Verletzung hatte der Berufsjäger am Morgen ohne Glas für einen Verletzung des Hinterlaufes gehalten. Der Hirsch mochte vielleicht sein zwölftes bis vierzehntes Geweih tragen. Das Geweih selbst war normal entwickelt, nicht allzu lang, dafür aber starkstangig mit auffällig nach oben geschwungenen Augsprossen und mochte etwa sieben Kilo wiegen. Also keinerlei Anzeichen dafür, dass der Hirsch sich die Verletzung bereits vor dem Schieben zugezogen haben könnte. Bei der Betrachtung der Verletzung fiel es uns dann plötzlich wie Schuppen von den Augen – der kranke Hirsch aus der Brunft, der an jenem Morgen über die Grenze gewechselt war! Fast drei Monate lagen zwischen beiden Begebenheiten. Es war kaum vorstellbar, dass der Hirsch diese Verletzung so lange überlebt hatte. Aber sowohl die Verletzung, als auch die Form des Geweihs, erinnerte sich der Berufsjäger, passten zu seiner Beobachtung von jenem Septembermorgen. Er war es! Viel Zeit zum Nachsinnen und Verharren lies uns der kurze Wintertag nicht, denn schließlich war noch das Kalb zu suchen. Nach der langen Hetze auf den Hirsch sah ich der Hündin an, dass ihre Kräfte fast aufgebraucht waren. Aber der Finderwille entlockte ihren müden Gliedern die letzte Kraft. Ich nahm sie an den langen Riemen und lies sie vor dem Bruch, in dem gerade erst der Hirsch zur Strecke gekommen war, vorsuchen, um den Einwechsel des Kalbes von heute Morgen erneut zu finden.

Wir brauchten nicht lange zu suchen. Nach einem kurzen Bogen fiel Laute die Fährte des Kalbes wieder an und arbeitete diese mit gewohnter Sorgfalt zurück in das Schilf. Dort kreuzen wir beim erneuten Ausarbeiten der Bögen mehrfach die noch frische Hetzfährte des Hirsches und standen schließlich nur wenige Meter von der Stelle entfernt, an der heute Morgen der Hirsch vor uns hochgeworden war, vor dem längst verendeten Kalb. Die nächtliche Kugel hatte den Vorderlauf hoch durchschlagen und den Rumpf am Brustkern noch verletzt. Erleichtert lobte ich den braven Hund und schloss sie dabei fest in den Arm. Wie so oft in den vergangenen Jahren hatte die treue Gefährtin mir den Weg gewiesen. Heute aber schaute ich nachdenklich in das vertraute, immer grauer werdende Antlitz. Das Alter nagte an ihren Kräften ... Wie schnell waren die Jahre vergangen. Im letzten Licht des langsam scheidenden Wintertages legten wir Kalb und Hirsch zur Strecke, und in der kalten Luft verklang das verdiente „Hirsch tot". Zu Hause angekommen, nahm die ganze Familie Anteil an unserem aufregenden Erlebnis. Als zu späterer Stunde Ruhe ins Haus eingekehrt war, die Hunde sich wärmend und träumend vor dem knisternden Kaminofen eingerollt hatten, stand ich noch lange am Fenster der Terrasse und betrachtete im flackernden Licht des Kaminfeuers das Haupt des Hirsches. Welche unbändige Überlebenskraft musste diesem Geschöpf innegewohnt haben. Denn an jenem Morgen in der Brunft, an dem ihn der Berufsjäger sah, trieb der Hirsch ja eine Handvoll Kahlwild über die Grenze. Vielleicht war ja ein Brunftkampf Ursprung der schrecklichen Verletzung. Irgendwann mochten ihn dann Schmerz und dämmerndes Fieber geschwächt und zum Abwandern in die moorig kühlenden Gründe weit weg von allen Einständen gezwungen haben. Hätte uns die Suche nach dem Kalb nicht in seine Nähe geführt, wäre er mit Sicherheit irgendwann eingegangen. Aber das hätte noch ein langer qualvoller Weg sein können, hätten ihn nicht zuvor die Wölfe gefunden. Hatte es das Schicksal letztlich doch gut mit dem Geschundenen gemeint, als das Kalb uns den Weg zu ihm vorzeichnete? Als die letzte Glut im Ofen erlosch, war ich mit mir im Reinen, wir hatten beide Stücke gefunden und damit unseren Teil des Paktes erfüllt.

Michael Hock, geboren 1974 in Baden-Württemberg, lebt als Förster in Vorpommern, führt Hannoversche Schweißhunde und Kleine Münsterländer

Mit einem Kalb startete die Nachsuche, dann kam ein Hirsch dazu.

Was muss dieser Hirsch ausgehalten haben?

Der Felsenbock

Stefan Pfefferle

Auf Gamswild zu jagen, ist immer etwas ganz Besonderes. Nicht nur, weil sein Lebensraum so ursprünglich und abenteuerlich ist, sondern auch, weil in Deutschland jedes Jahr nur etwa vier- bis fünftausend Gamsen erlegt werden. Im Vergleich zu über 1,2 Millionen erlegten Rehen und 75.000 Stück Rotwild pro Jahr ist diese Jagd ein Erlebnis, das vielen Jägern niemals oder nur selten vergönnt ist. Die beeindruckende Kulisse, die die Bergwelt zu allen Jahreszeiten bietet, das alpine Naturschauspiel und die Jagd am „helllichten Tag" machen die Gamsjagd so schön und einzigartig. Gut kann ich mich an die schlaflosen Nächte als junger Berufsjäger erinnern, wenn für den nächsten Tag ein „Gamsgast" angekündigt war. Nicht aus Sorge lag ich damals wach, sondern die Vorfreude auf den kommenden Jagdtag ließ mich nicht in den Schlaf kommen. Auch heute ist es für mich immer noch faszinierend, auf dieses Wild jagen und führen zu dürfen. In dem von mir betreuten Revier gibt es keine „bezahlten“ Führungen, die Gäste kommen ausschließlich auf persönliche Einladung des Jagdpächters. Deshalb ist es auch diesen Jägern eine besondere Ehre, auf Gamsjagd gehen zu dürfen.

Es war im Mai 2007, als ich zum ersten Mal mit Uwe telefonierte. Er war zur Gamsjagd eingeladen worden und hatte viele Fragen an mich. Welches Gewehr? Welches Kaliber? Welcher Schießstock? Welcher Rucksack? Man konnte die Vorfreude und Aufregung buchstäblich durch den Telefonhörer spüren. „Bring das Gewehr mit, mit dem du sonst auch zur Jagd gehst und gute Bergschuhe. Alles andere bekommen wir hin“, riet ich ihm wie schon so vielen anderen Gästen zuvor. Wie wichtig gutes Schuhwerk im alpinen Gelände ist, lernt man mit den Führungen. Mancher verstauchte Fuß oder abgebrochene Gewehrschaft hätte vermieden werden können, hätte der Schütze zuvor in gute Schuhe investiert. Wir verabredeten uns auf Mitte August zur Jagd. Der August ist ein wunderbarer Monat, um auf Gams zu jagen. Auf den Freiflächen und im Wald ist Äsung im Überfluss vorhanden. Somit ist für das Gamswild auch der gesamte Lebensraum nutzbar. Der Jäger kann sehr gezielt und störungsarm Beute machen und anschließend auf der Alphütte bei einer ordentlichen Brotzeit das Erlebnis ausklingen lassen. Im Juli rief Uwe wieder an und fragte, ob er einen guten Jagdfreund mitbringen dürfte. Sie hätten zusammen schon viel gejagt, und er würde dieses Erlebnis gerne mit ihm teilen. Da wir auf Gams meistens pirschen, ist eine weitere Begleitung kein Problem. So war es schnell beschlossen, dass wir zwei Tage vor dem „Frauentag“ (Maria Himmelfahrt) zu dritt zur Gamsjagd ausrücken würden.

Nach Ankunft der beiden Jäger Uwe und Erich und einem Kaffee auf der Terrasse fuhren wir am Nachmittag in Richtung „Heissenloch“. Dort befindet sich auf der Staumauer des Weissenbachs ein kleiner Bodenstand, von dem aus jeder Gast zwei bis drei Probeschüsse macht. Für die meisten Jäger ist eine geführte Gamsjagd eine besondere Herausforderung. Als Jagdgast sind sie mit einer fremden Person in einem fremden Revier unterwegs und jagen auf eine fremde Wildart. Alle diese Widrigkeiten werden durch das Probeschießen abgemildert, und die meisten Gäste sind danach deutlich entspannter. Dem Jagdführer liefert das Probeschießen wertvolle Informationen über den Schützen, und für beide ist es wichtig zu wissen, dass die Waffe in Ordnung ist und zuverlässig damit getroffen werden kann. Die Probeschüsse von Uwe klappten hervorragend. Als einmal die 10 und zweimal die 9 mittig getroffen waren, fuhren wir zufrieden zusammen Richtung Jagdhütte. Uwe und Erich richteten sich auf der Hütte ein, und nach einem Abendansitz im Tal und einer Brotzeit auf der Jagdhütte verabredeten wir uns für den nächsten Morgen zur Pirsch kurz nach Sonnenaufgang. So stiegen wir am folgenden Tag mit der aufgehenden Sonne im Rücken von den Zehrerhöfen zum Zinken auf. Meine HS-Hündin „Goldine vom Prebersee", genannt „Mali", begleitete uns frei bei Fuß. Mehrmals kamen wir an Gämsen. Eine richtig passende war allerdings nicht dabei. Am „großen Platz", einer weitläufigen Alpfläche, stand ein großrahmiger Bock im Schatten einer alten Wetterfichte. Den wollten wir uns mal genauer ansehen. Mit dem Spektiv sprach ich den Bock auf etwa neun bis zehn Jahre an. Besonders war aber nicht das Alter, sondern die hervorstehenden Hüftknochen des Bockes. Normalerweise haben die Böcke um diese Jahreszeit Keulen wie Brauereipferde. Dieser Bock war für seinen großen Körper eher schwach im Wildbret. Die Entscheidung zum Schuss war schnell getroffen, und Uwe wurde „liegend auf dem Rucksack aufgelegt" in Position gebracht.

Auf den breitstehenden Bock auf 110 Meter und mit guter Auflage konnte eigentlich nichts mehr schiefgehen. So waren wir alle einigermaßen erstaunt, als der Bock auf den Schuss hin keinerlei Regung zeigte und nur in unsere Richtung sicherte. Nach nur wenigen

Sekunden war uns klar, dieser Schuss ging vorbei. Möglichst ruhig sagte ich zu Uwe: „Den hast du gefehlt. Repetiere, konzentriere dich neu, und wenn Du ruhig und sicher drauf bist, dann schieß nochmal." Gesagt – getan. Auf den zweiten Schuss hin schlug der Gamsbock nach hinten aus und sprang über die gesamte Alpfläche hochflüchtig ab, so dass ein „Nachschießen" keinen Sinn machte. Inzwischen war es bereits halb elf, und die Sonne stand schon hoch am strahlend blauen Berghimmel. Dass dieses Zeichnen keinen guten Schuss verhieß, war allen klar, und so machten wir uns nach etwa 30 Minuten Wartezeit auf, um den Anschuss zu untersuchen. Uwe, Erich und Mali wurden etwa 30 Meter hangaufwärts „abgelegt", und ich ging langsam in Richtung Anschuss. Die Stelle war nicht schwer zu finden, da der Gamsbock beim Schuss an einer markanten Felsnase stand. Am Anschuss selbst waren nur langes, helles Schnitthaar, dunkler Wildbretschweiß und ein paar Krümel weißen Feists zu finden. Wir waren uns einig, dass der Schuss aufgrund der Pirschzeichen und des Zeichnens wohl mittig bis hinten tief sitzen musste. Ich vermutete, dass der Bock nicht allzu weit ins Wundbett gehen würde und entschied, auf eine Totsuche hoffend, mit dem Nachsuchen noch etwa eine Stunde zu warten.

Da eine Hatz auf Gamswild im alpinen Gelände immer eine ernsthafte Gefahr für Hund und Führer darstellt, versuche ich diese Situation, wenn irgend möglich, zu vermeiden. Meist flüchten verletzte Gämsen in sehr steile und unzugängliche Lagen mit dem Ziel, den Hund entweder hinabzustoßen oder mit ihren spitzen und scharfen Krucken zu hakeln. Ähnlich wie beim Schwarzwild ist es beim Schnallen des Hundes ungewiss, ob man sich gesund wiedersieht. Nach einer Stunde des Ausharrens nahm ich Mali an den langen Riemen und ließ Uwe und Erich auf der Alpfläche zurück. „Egal, wie lange es dauert, ihr bleibt genau hier sitzen, bis ich zurück bin oder euch mit dem Mobiltelefon anrufe", trichterte ich eindringlich den beiden ein. Im Bergrevier lässt man Jagdgäste nur sehr ungern allein zurück. Wenn es den Wartenden zu lange dauert und sie auf eigene Faust den Heimweg antreten, ohne ortskundig zu sein, kann eine Gamsjagd schnell zu einem größeren Bergwachteinsatz werden. Mitnehmen konnte ich die Zwei aber auch nicht, da die Richtung, die der Gemsbock eingeschlagen hatte, in sehr steiles und felsiges Gebiet führte. Mali stand damals im sechsten Behang und hatte schon einige schwierige Nachsuchen auf Gams gearbeitet. Sie nahm sich am Anschuss ausgiebig die Zeit, alles zu untersuchen und zog dann stramm auf der Fährte des Bockes über die Alpfläche. Anschließend ging es durch einen etwa 40-jährigen Fichtenbestand immer hangparallel voran. Ich fand weder Schweiß noch sonstige Bestätigung. Da der Hund aber mit tiefer Nase stramm im Riemen lag, die Rute immer im gleichen Takt schlug und er gleichmäßig Schritt für Schritt arbeitete, war ich mir sicher, auf der richtigen Fährte zu sein.

Als wir den Spitzwald, einen alten und lückigen Bergwald, durchquert hatten, verwies Mali plötzlich in der Fährte sehr markant. Mit dem Kommando „Halt, lass sehen“ hielt ich den Riemen fest, und der Hund zeigte mir einige Krümel weißen Feists zusammen mit wenigen Tropfen dunklen Schweißes. Mali wurde anerkennend gelobt, und weiter ging's. An eine Totsuche glaubte ich jetzt schon nicht mehr. Als wir den Lawinenstrich erreicht hatten, legte ich Mali in der Fährte ab, lobte sie ausgiebig und begann, meine Kollegen aus den Nachbarrevieren anzurufen. Das nächste Revier in dieser Richtung war Schattwald im Hegering Tannheimer Tal, das von meinem Freund Robert betreut wurde. „Selbstverständlich kannst Du weitermachen, falls es zu mir geht. Ich bin gerade am Holzabladen. Wenn ich fertig bin, komm ich und helfe dir“, war Roberts Antwort. Auch Markus aus dem Revier Pfronten, an der Ostseite des Berges, gab uns grünes Licht zum Weitermachen, falls die Nachsuche über die Grenze führen sollte. Die weitere Riemenarbeit war nur von kurzer Dauer, denn im nächsten Fichtenhorst lag der Bock im Wundbett und startete krachend durch die dürren Zweige von uns weg. Jetzt war der Punkt gekommen, den ich bereits fürchtete. Mali wurde geschnallt und mit hellem Hatzlaut ging es dahin, bis ich nichts mehr hören konnte. In diesem stark strukturierten Gelände mit seinen Graten, Felsköpfen und tiefen Gräben ist der Laut des Hundes oft nicht sehr weit zu vernehmen. GPS-Sender waren damals noch nicht üblich, und so begann ich, in die vermutete Richtung zu laufen, in der Hoffnung, irgendwo Standlaut zu hören. Ich stieg durch Gräben und auf einige Felsköpfe, immer angestrengt lauschend, ob nicht das tiefe Bellen von Mali zu hören war. Doch jedes Mal, wenn ich über eine Kuppe kam, wurde ich wieder enttäuscht. Kein Laut zu hören, Stille um mich herum. Nichts war zu hören, nichts zu sehen, und so begann ich, mir ernsthafte Sorgen um Mali zu machen. Tausend Dinge gingen mir in diesen Minuten durch den Kopf. Von „Wo könnten Gams und Hund nur sein?“ bis „Was wird die Familie sagen, wenn ich ohne Hund zurückkehren sollte?“ Mali war nicht nur Diensthund, sondern auch unser von allen geliebter Familienhund.

Aus diesem Grund war ich unglaublich erleichtert, als ich Mali über eine Alpfläche auf mich zueilen sah, aber auch zugleich verwundert. Bei allen vorausgegangenen Nachsuchen blieb der Hund mit anhaltendem tiefen Standlaut am Stück, und deshalb war es mir unerklärlich, warum er jetzt zurückkam. Ein Abholen oder gar Verweisen hatte er vorher nie gezeigt. Froh, den Hund unverletzt wiederzuhaben, drückte ich Mali an mich und war voller Fragen, die nach Antworten verlangten. So zäh und langsam wie die Zeit auf der Jagd vor dem Schuss manchmal vergehen kann, so schnell fliegt sie nach dem Schuss dahin. Es war bereits früher Nachmittag, als ich Mali wieder an den Riemen nahm, in der Hoffnung, dass sie mich zum Bock führen würde. Sie zog zielstrebig durch unterschiedlichstes Gelände quer durch das Tiroler Revier Schattwald, bis in die Eigenjagd

Pfronten. Mein Vertrauen in den Hund wurde auf eine harte Probe gestellt. Was sollte das werden? Waren wir noch auf der Fährte des Bockes oder waren wir einer besonders attraktiven Verleitung auf den Leim gegangen? Bestätigung fand ich keine, aber der Hund lag nach wie vor stramm im Riemen und arbeite zielstrebig Richtung Osten. Als mein Zweifel zu groß wurde, hielt ich an, um auszuruhen und um zu überlegen, wie wir weiter verfahren sollten. Schon oft habe ich erlebt, dass in den schwierigen Passagen einer Nachsuche das Innehalten und Ausruhen für Hund und Führer genau das Richtige ist. Man spricht nicht umsonst von einem Gespann. So wie sich der Hund mit all seinen Fähigkeiten für den Erfolg einsetzt, so muss auch der Hundeführer sein Bestes geben, und dazu gehört nicht zuletzt die Gelassenheit und das Nachdenken, wie es weitergehen könnte. Hektik und Eile bringen hingegen meist Fehler und Misserfolge. Während ich nachsann, hörte ich plötzlich einen Kolkraben über uns. Er war in die gleiche Richtung wie wir unterwegs. Etwa hundert Meter vor uns traf er auf drei weitere Raben, die vor einer Felswand kreisten und immer öfter ihr quorrendes Rufen hören ließen. Jetzt wurde auch mir klar, wohin der Hund mich führen wollte. Sofort ging es weiter, und tatsächlich blieb Mali erst an der Kante dieser Felswand stehen und fixierte einen Punkt etwa 10 Meter unterhalb von uns. Ich band den Schweißriemen an einer Latsche fest, legte mich an die Felskante und suchte die senkrecht abfallende Felswand ab, so gut oder so schlecht ich eben sehen konnte. Erst nach längerem Suchen entdeckte ich auf einem kleinen Absatz unter uns Schweiß.

Der Bock war tatsächlich in die steile Wand gestiegen und lag nun in einer kleinen Grotte im obersten Viertel der Wand. Diese Stelle war so zurückgesetzt, dass ich vom Bock nur den Äser und ab und an die Lauscher und die Krucken sehen konnte. Von oben war hier nichts zu machen. Trotzdem war ich jetzt schon sehr erleichtert. Dem Hund ging es gut, und der Bock, da war ich mir sicher, würde mir nicht mehr auskommen. Mali ließ ich zur Sicherheit angeleint am Stamm einer knorrigen Mehlbeere zurück. Ich aber stieg in großem Bogen auf den Wildwechseln um die Felswand herum, um in das Altholz unterhalb der Wand zu gelangen. Auf halbem Weg nach unten rief mein Kollege Robert an: „Ich bin jetzt am hinteren Zehrer – kann ich dir noch was helfen?“, fragte er. Das war nicht weit von mir, und so beschrieb ich ihm den Weg, und wir trafen gleichzeitig am Fuß der Felswand ein. „Der Bock ist in der Wand in einer kleinen Grotte im Wundbett. Von oben ist er verdeckt“, erklärte ich Robert. Aber auch von unten gab es kein freies Schussfeld. Egal wie wir auch vor und zurück, links oder rechts auswichen, wir sahen immer nur den Windfang und die Lauscher- und Kruckenspitzen. Robert meinte, wenn der Bock aus dem Lager aufstehen würde, dann müssten wir zumindest den Träger freibekommen. Aber wie sollten wir den kranken Bock zum Aufstehen bewegen? Ein Plan wurde geschmiedet: Robert sollte schussbereit unten bleiben, ich wollte an den oberen Rand der Felswand, um den Bock durch Steine, die ich auf den schweißbefleckten Felsvorsprung warf, aus dem Wundbett zu treiben. Es war vorhersehbar, dass dies für uns beide nicht ungefährlich sein würde. Die von mir geworfenen Steine durften Robert nicht treffen, und falls er einen Schuss anbringen könnte, musste ich mich vorher in Sicherheit bringen. Solche Aktionen kann man sicher nicht mit jedem Jäger machen. Robert war und ist aber einer der zuverlässigsten und besonnensten Jäger, die ich bisher kennenlernen durfte und deshalb war ich voller Zuversicht.

Es dauerte seine Zeit, bis ich wieder in großem Bogen um die Felswand herum an die obere Kante gestiegen war. Die Situation war unverändert. Nachdem ich einige faustgroße Steine gesammelt hatte, rief ich Robert an. Wir vereinbarten, aus Sicherheitsgründen ab jetzt ununterbrochen Telefonkontakt zu halten. Robert stellte sich seitlich versetzt hinter einen starken Fichtenstamm, um vor meinen Steinen geschützt zu sein und trotzdem schnell in Schussposition kommen zu können. Als wir beide bereit waren, warnte ich Robert, dass ich jetzt beginne, mit den Steinen zu werfen. Der erste Wurf verfehlte den Absatz. Der zweite Stein traf zwar, blieb aber ohne Wirkung. Als der dritte Stein auf dem Vorsprung auftraf, stand der Bock auf. Robert rief durchs Telefon: „A isch aufgschtande, i siach de Trägar" („Er ist aufgestanden, ich kann den Träger sehen"). Schnell rollte ich mich zwei Meter zurück in eine Felsmulde und gab „Feuer frei". Gleich darauf krachte der Schuss. Leider konnte ich das, was nun folgte, nicht mit eigenen Augen sehen. Robert aber wird diesen Anblick in seinem Jägerleben wohl nicht mehr vergessen. Auf den Trägerschuss hin fiel der Gamsbock wie ein Sack im freien Fall etwa 50 Meter durch die Luft, überschlug sich auf dieser Strecke einmal komplett und blieb verendet am Fuße der Wand liegen. „Kosch raakumme, mir hand´n" (Komm herunter, wir haben ihn). In seiner ruhigen und wortkargen Art löste Robert mit diesem Satz die höchsten jagdlichen Glücksgefühle in mir aus. Voller Freude holte ich Mali von ihrer sicheren Warte an der alten Mehlbeere und gemeinsam stiegen wir ab. Robert, der am Gemsbock mit drei Latschenbrüchen auf uns wartete, empfing uns mit einem herzlichen Weidmannsheil. Wir Jäger lagen uns glücklich in den Armen, der Bock bekam den „letzten Bissen", der Hund einen Bruch in die Halsung und wurde wieder und wieder abgeliebelt. Wer von uns wem einen Bruch geben sollte, war uns beiden nicht klar: Ich hatte nachgesucht – er hatte den Fangschuss gegeben, so nahmen wir den Bruch mit für Uwe.

Inzwischen war es fünf Uhr nachmittags, und als ich Uwe telefonisch informierte, konnte man den Stein, der ihm vom Herzen fiel, buchstäblich fallen hören. Er und Erich hatten brav die ganze Zeit an ihrem Platz ausgeharrt, Brotzeit gemacht und Mittagsschlaf gehalten. Jetzt waren sie froh, die gute Nachricht zu hören und wurden von mir zum Wanderweg gelotst, wo sie sich an den sicheren Abstieg machen konnten. Robert und ich versorgten in der Zwischenzeit den Gams und lieferten ihn zum Zehrer. Oberhalb der „Zehrerhöfe" trafen wir mit Uwe und Erich zusammen, wünschten uns Weidmannsheil und hatten verständlicherweise viel zu erzählen. Der Schuss von Uwe ging ganz knapp oberhalb der Brunftrute durch den Bauchfeist. Ein Splitter verletzte den Pansen minimal. Der Schusskanal war mit Feistbrocken so verstopft, dass die meiste Zeit kein Schweiß austreten konnte. Ein- und Ausschuss waren annähernd gleich groß. Der Fangschuss von Robert ging auf Höhe des Drosselkopfes mittig durch den Träger. Warum Mali mich an diesem Tag „abholte" und nicht wie sonst mit Standlaut beim Bock blieb, kann ich nur vermuten. Vielleicht lag es daran, dass der Hund wegen der senkrechten Felswand nicht direkt zum Gams gelangen konnte. Danach wurde ich jedenfalls nie wieder „abgeholt". So gingen Gamsjagd und Nachsuche zu Ende. Ein Erlebnis, dass alle Beteiligten nicht mehr vergessen werden. Missgeschicke werden beim Jagen immer wieder vorkommen. Wie man sich danach verhält, macht den Jäger aus! Und am Ende ist es beim Jagen wie auch sonst im Leben immer wieder unbezahlbar, wenn man Freunde hat, auf die man sich verlassen kann.

Revieroberjäger Stefan Pfefferle, Jahrgang 1975, geboren und aufgewachsen im Allgäu, sucht mit Dackel und Terrier, Hannoveraner Schweißhund und Bayerischem Gebirgsschweißhund in Allgäuer Bergen und Voralpenland

Die Sau, die sich nicht steckte

Reinhard Scherr

Die Sau wurde am Abend des 31. Januar gegen 18 Uhr halbspitz von vorn beschossen. Die Nachsuche begann am 1. Februar gegen 8 Uhr mit der Untersuchung des Anschusses. An dem angegebenen Platz waren jedoch keinerlei Pirschzeichen zu finden. „Treu" nahm die Fährte sehr zügig an und folgte durch eine Kiefern-Buchendickung. Der erste Schweiß fand sich nach etwa 80 Metern Fluchtstrecke. Er nahm sehr rasch zu, ebbte aber nach weiteren 300 Metern wieder schlagartig ab. Es folgte eine Strecke von ca. 400 Metern, auf der nur ab und an ein kleines Tröpfchen zu finden war. Die Fährte schien sehr gut zu stehen, denn Treu folgte ihr in seinem bekannt heftigen und kompromisslosen Stil. Aus den gefundenen Pirschzeichen und dem Verlauf der Fluchtfährte schloss ich auf einen Weidwundschuss schräg von vorn, eventuell ohne Ausschuss, weil ein Kugelriss nicht gefunden wurde. Diese Meinung festigte sich, als wir nach etwa 800 Metern ein Wundbett fanden, das die Sau aber bereits verlassen und anschließend einen Hangweg nach unten überfallen hatte. In dem folgenden Kiefernstangenholz fanden sich nun mehrere Wundbetten mit kleinen Schweißstellen. Die Sau machte von Bett zu Bett mehrere Widergänge, die von Treu gut ausgearbeitet wurden. Nach 1.200 Metern ging, ohne dass ich es sehen konnte, ein Stück Schwarzwild vor uns hoch und entfernte sich mit rasender Flucht. Sofort war die Halsung runter, und Treu folgte fährtenlaut dem Stück. Der Laut verlor sich im sogenannten Oselbachtal nach einer Strecke von geschätzten 1,5 Kilometern. Zu dumm, dass ich dem Hund nicht die Telemetriehalsung angelegt hatte. Wir suchten nun auf den Hangwegen und Straßen, hielten uns auf den Kuppen des Geländes auf, um irgendwo den vermuteten Standlaut aufzufangen. Aber nichts drang an unser Ohr, das auf das Ende der Hatz schließen ließ. Nach einer Stunde waren wir wieder am Ausgangspunkt der Hatz, und ich hatte keine Hoffnung, dass ich richtig geschnallt hatte. Während der Beratungen, was weiter zu tun sei, kehrte Treu zurück. Zunächst einmal Freude, dass wir den Hund wieder hatten, aber auch Ratlosigkeit, was die Sau für einen Treffer hat und ob es sich auch wirklich um die Kranke gehandelt hatte.

Nach kurzer Pause ging es dann wieder zum letzten Wundbett mit Schweißbestätigung, denn dort, wo die Sau vorhin hochwurde, war kein Schweiß zu finden. Treu stellte sofort wieder die Verbindung der beiden Betten her, und ich folgte nun der Hatzfährte in der Erwartung, vielleicht neue Erkenntnisse zu gewinnen. Die Folge auf der frischen Fährte war für Treu natürlich kein Problem. Das Problem bestand nur darin, dass ich in dem schwierigen Gelände nicht schnell genug folgen konnte, und es ständig einen richtigen Kraftakt bedeutete, den Riemen in der Hand zu behalten. Nach einer Strecke von etwa 2,5 Kilometern hatte die Sau einen fast 70-prozentigen Steilhang in Falllinie nach oben angenommen, war über steilste Böschungen nach oben gewechselt, so dass ich zu dem Schluss kam: „Das kann unmöglich die kranke Sau sein!“ Ich brach die Folge ab. Wieder zurück zum Wundbett mit Schweiß, wieder ließ Treu keine Zweifel über die Richtigkeit seiner Arbeit aufkommen. Selbst nach mehrfachem Umschlagen zeigte er immer dieselbe Fährte an. Nun war klar: Die gehetzte Sau war die beschossene, und sie hatte ganz sicher keinen Weidwundschuss. Aber wo saß der Treffer? Nun wurde die Nachsuche mit der Option unterbrochen, am nächsten Tag weiterzusuchen. Nach dem Mittagessen fasste ich dann aber doch den Entschluss, noch am gleichen Tag an der Stelle weiterzumachen, an der ich die Ausarbeitung der Hetze abgebrochen hatte. Treu nahm die Fährte sofort wieder an und suchte sehr sicher weiter. Ich denke, wir waren nie weiter als einen Meter von der Fährte entfernt. Er zeigte mir den Platz, wo er am Morgen die Sau gestellt hatte, und dort fand ich auch wieder Schweiß – nicht viel, aber genug, um jetzt hundertprozentig sicher zu sein. Kein Wunder, dass wir den Standlaut am Morgen nicht hören konnten, weil das Nachbartal zu weit entfernt lag. Die Sau ließ sich nicht binden, und Treu kehrte wieder zurück.

Jetzt aber suchte er flott drauflos. Ich ließ ihm den Riemen, und wir liefen, was unsere sechs Beine hergaben. Im weiteren Fährtenverlauf folgte nun das ganze Programm, dass einem Schweißhundführer das Leben schwer macht:

— rund 3 Kilometer mit Unterbrechungen nur auf befahrenen, größtenteils geschotterten Wegen,
— etwa 500 Meter im Wasser des Weltersbaches,

— zwei Widergänge, einen von 80, einen von 450 Metern auf einem Weg,
— direkt vor dem Hund abgehendes Rehwild und Rotwild.

Es war zum Verzweifeln, die Sau nahm selten Dickungen an, war nach einigen Kilometern immer noch flüchtig und machte keine Anstalten, sich zu stecken. Ob es auch ein Schuss durch die Nasenscheidewand sein könnte? Treu arbeitete die gesamte Strecke an diesem Tag hochkonzentriert und ohne sich durch die frischen Verleitungen aus dem Konzept bringen zu lassen. Kurz nach 17 Uhr hatten wir die Anhöhe des Weltersberges erreicht und eine Strecke von 10,5 Kilometern zurückgelegt, wie ich später auf der Forstgrundkarte nachvollzog. Ich telefonierte mit Magdalena, meiner Frau, die mich am Parkplatz Drei Steine an der B 48 abholte. Trotz der unglaublichen Strecke, die die Sau geflüchtet war, wollte ich am nächsten Tag weiter, denn Treu lag nach wie vor sauber im Riemen, und solange der Hund arbeitet, wird auch gesucht. Die Weitersuche erfolgte am späten Vormittag des nächsten Tages. Ohne zu zögern nahm der Hund wieder die Fährte an und folgte im gleichen Stil wie am Vortag, obwohl die Fährte nun über 24 Stunden alt war und seit einigen Kilometern kein Tropfen Schweiß mehr zu finden war. Nach einer Gesamtstrecke von fast 15 Kilometern hatte ich zum ersten Mal den Eindruck, dass die Sau langsamer wurde, denn es fingen auf engem Raum Widergänge an. Einzeln stehende Eichen in den Dickungskomplexen des Hohen Loog und des Mückenkopfes wurden von der Sau aufgesucht, um Eicheln aufzunehmen. Im Altholz zum Enkenbachtal ein erstes Gebräch. Dort hatte die Sau eindeutig nach Fraß gesucht. Der zwischenzeitlich vermutete Schuss durch die Nasenscheidewand schied somit also aus. Sie suchte noch eine alte Kirrstelle oberhalb des kleinen Pfälzerwalddorfes Mückenwiese auf, fand aber dort nichts vor und zog immer wieder brechend hangaufwärts. Jetzt musste sich das

Stück doch bald einschieben, deutete ich die kurzen Trittlängen der Fährte und die wenigen mit dem Gebräch verursachten Bodenverwundungen.

Am Rande einer dichten Douglasien-Naturverjüngung blieb Treu stehen und zeigte mir deutlich die Sau an. Magdalena, meine Frau, die ich über Funk stets mit dem Wagen im Standby gehalten hatte, hatte schon am unteren Hangweg zu mir aufgeschlossen und rief mir zu, dass die Sau wie ein Kugelblitz nach unten aus der Naturverjüngung herausgeschossen war, ohne dass sie sichtbare Zeichen einer Verletzung erkennen konnte. Sofort schnallte ich Treu, und ab ging die laute Hatz Richtung Enkenbachtal aufwärts. Der Fährtenlaut wurde immer leiser. Wir bestiegen sofort das Auto, um eventuell vor die Hatz zu kommen. Während der Fahrt machte Magdalena plötzlich eine Vollbremsung, so dass ich fast mit meinem Kopf an der Windschutzscheibe anschlug. Sie hatte ihr Seitenfenster geöffnet und aufgeregt rief sie, dass sie den Standlaut von Treu im Hang höre. Ich griff meinen Nachsuchenkarabiner und spurtete sofort los. Nicht zu überhören, von unten erschallte Schlag auf Schlag der tiefe Standlaut meines Rüden. Er band die Sau, und ich pirschte mit aller Vorsicht an den Bail, immer im Bewusstsein, dass die Sau topfit ist und bei der geringsten Wahrnehmung des Menschen wieder ausbricht und dann vielleicht auf Nimmerwiedersehen verschwindet. Vorsichtig hatte ich mich in Position für den Fangschuss gebracht: erster Schuss gefehlt, Ausbrechen der Sau. Nach 150 Metern erneutes Stellen. Nun nahm die Sau mich an, der zweite Schuss spitz von vorn traf aber nur den Teller im äußeren Knorpelbereich. Im Wegflüchten setzte ich ihr dann die dritte Kugel aufs Blatt, die sie dann sofort rollieren ließ. Treu hing sofort an ihr und genoss noch die letzten Zuckungen der verendenden Sau. Gesamtstrecke der Riemenarbeit nach Forstwirtschaftskarte abgemessen: rund 18,5 Kilometer, ohne die vielen Gänge hin und zurück und bergauf und bergab; Schweiß fand sich auf etwa

800 Metern der Gesamtstrecke. Treu stellte die Bache nach etwa 1.200 Metern Hetze. Ich weiß nicht, wie lange er das hätte durchhalten können, denn wie sich später herausstellte, hatte die Sau nur eine sehr geringe Schwartenverletzung. Der primäre Schuss hatte lediglich einen Riss in der Schwarte am vorderen Brustkern in Höhe des Schlüsselbeines erzeugt, ohne jedoch einen Knochen oder den Muskel zu fassen. Treu war zu diesem Zeitpunkt im zweiten Behang und zeigte bei dieser Nachsuche alle Leistungsmerkmale, die man von einem Spezialisten erwarten kann. Mächtig stolz brachten wir die Bache zum Forstamt, wobei dort der erste Kommentar wieder eine erschreckende Realität zutage brachte: „Herr Scherr, bitte brechen Sie zukünftig bei solch geringen Verletzungen früher die Nachsuche ab und suchen nicht tagelang bei fraglichen Erfolgschancen nach.“ Durch diese Bemerkung ließ ich mir allerdings meine Stimmung nicht verleiden, sondern schüttelte nur verständnislos den Kopf.

Reinhard Scherr, Jahrgang 1954, sucht mit Bayerischen Gebirgsschweißhunden in der ganzen Pfalz nach

Wunder geschehen immer wieder

Jürgen Rosenkranz

Anfang November bat mich ein Forstbeamter, der in einem Nachbarrevier mit der Jagdgastführung auf einen Muffelwidder betraut war, um eine Nachsuche. Wie er mir telefonisch berichtete, versuchte er bereits seit fünf Tagen, seinen Jagdgast auf einen reifen Widder zu Schuss zu bringen, doch bisher ohne Erfolg. Am Morgen des letzten Jagdtages schien Diana den beiden Weidmännern dann doch noch hold zu sein. Sie trauten ihren Augen kaum, als beim ersten Büchsenlicht ein reifer Widder auf etwa 80 Metern unterhalb des Ansitzes durch einen Eichen-Altholzbestand zog. Geistesgegenwärtig brachte sich der Jagdgast in Position und versuchte, auf den recht flott suchenden Widder fertig zu werden. Auch wenn sich das Unterfangen zunächst recht schwierig gestaltete, gelang es schließlich doch, den Widder durch ein beherztes Anpfeifen so zu beeindrucken, dass er im rechten Moment zwischen zwei Eichen verhoffte. Den Schuss quittierte er zunächst mit einer schnellen Vorwärtsflucht. Nach etwa 100 Metern wurde er allerdings langsamer und verhoffte dann für mehrere Minuten hinter einer starken Eiche. Die Gelegenheit für einen Nachschuss ergab sich unter diesen Umständen nicht. Nach einer gefühlten Ewigkeit setzte er, ständig durch Bäume und Unterwuchs verdeckt, in normalem Tempo seine Flucht fort, durchquerte einen Graben und entschwand in ein angrenzendes Fichtenstangenholz. Bei der Untersuchung nach Pirschzeichen konnte lediglich etwas Schweiß an der Stelle bestätigt werden, wo der Widder für längere Zeit verhoffte.

Obwohl das Schusszeichen nicht dem eines klassischen Krellschusses entsprach, befiel mich ein ungutes Gefühl, dass in irgendeiner Weise doch eine Verletzung im Wirbelsäulenbereich vorliegen könnte. Um Pirschführer und Schützen nicht unnötig zu verunsichern und von vornherein pessimistisch zu stimmen, behielt ich meine Vermutung zunächst für mich. In Anbetracht der recht nebulösen Ausgangssituation entschied ich mich, meinem im zehnten Behang stehenden BGS-Rüden „Eik“ die Führungsposition einzuräumen. Auf einer Vielzahl anspruchsvoller Nachsuchen hatte sich der Rüde im Laufe der Jahre zu einem nahezu unfehlbaren Spezialisten entwickelt. Es bestätigt sich eben immer wieder, nicht unbedingt die Rasse oder eine hochdotierte Prüfung lassen einen Jagdhund zum Nachsuchenspezialisten werden, sondern vielmehr der kontinuierliche Einsatz in der rauen Praxis. Für die zu erwartende Hatz ließ ich meinen fünfjährigen Brandlbrackenrüden „Ben“ nachführen. Der vor Tatendrang strotzende Rüde akzeptierte es jedoch nur widerwillig, in die zweite Reihe gestellt zu werden. Zur Fährte gelegt, untersuchte Eik kurz den Anschuss, verwies etwas Schweiß an der Stelle, wo der Widder verhofft hatte und setzte dann in dem ihm eigenen ruhigen Arbeitsstil die Suche fort. In dem recht steilen Gelände fiel es uns nicht immer leicht, das kontinuierliche Arbeitstempo des Hundes zu halten. Nach etwa 500 Metern führte uns der Rüde an eine Windwurffläche. Da wir uns auf einem gut belaufenen Wechsel befanden, konnten wir uns der Fläche relativ geräuscharm nähern. In dem Moment, als ich die Fläche im Hinblick auf die Begehbarkeit taxierte, nahm ich auf etwa 60 Metern halblinks unter uns einen Widder wahr, der sich neben einem Wurzelteller niedergetan hatte.

Der zwischenzeitlich aufgeschlossene Forstbeamte bestätigte mir, dass es sich um den Gesuchten handelte. Aufgrund der Unklarheit über die Art der Verletzung, verzichtete ich auf das sofortige Schnallen eines Hundes und entschied mich gleich zum Fangschuss. Es wäre zu schön gewesen um wahr zu sein – aber der Schuss ging daneben. Ohne langes Zögern schnallte ich den „geländegängigeren“ und hatzerprobten Ben, in der Hoffnung, dass es ihm gelingen möge, den Widder zu Stande zu hetzen. Aber auch hier hatte ich die Rechnung ohne den Wirt gemacht. Offensichtlich bekam der junge Rüde die erforderliche Wild- bzw. Wundwittrung nicht rechtzeitig in die Nase und suchte oberhalb des vermeintlichen Wundbettes die Fläche ab. Inzwischen führte mich Eik an die Stelle, an der zuletzt der Widder gesessen hatte. Um keine unnötige Zeit zu verlieren, schnallte ich ihn und halste die inzwischen wieder eingetroffene Brandlbracke wieder an. Es dauerte nun auch nicht lange, und wir hörten den Rüden Laut geben. Unsere Hoffnung, dass der anfängliche Hetzlaut nun bald in Standlaut umschlagen würde, erfüllte sich allerdings nicht. Nachdem sich die Hatz zunächst aus unserem Hörbereich entfernte, schien sie sich nach geraumer Zeit wieder in unsere Richtung zu bewegen. Und tatsächlich – auf etwa 80 Metern unterhalb des Steilhanges sahen wir den nunmehr in entgegengesetzter Richtung flüchtenden Widder. Der Fährtenlaut des ihm um einige Längen nachhängenden Rüden verlor sich auch diesmal schon bald, so dass wir den Verlauf der Hatz nicht nachvollziehen konnten.

Da der Widder in Richtung Anschuss flüchtete, entschlossen wir uns, mit Ben die Fluchtfährte auszuarbeiten und hofften darauf, von dem im Anschussbereich „abgelegten" Schützen eventuell Informationen zu erhalten. Dort angekommen, berichtete uns der Jagdgast, einen vom Hund gefolgten Widder gesehen zu haben. Ob es sich dabei um das am Morgen beschossene Stück handelte, konnte er nicht eindeutig bestätigen. Die hohen Fluchten des Mufflon ließ bei ihm ohnehin Zweifel aufkommen, ob der Hund nicht doch eventuell ein gesundes Stück hetzte. Er fühlte sich in seiner Vermutung bestätigt, als auch seine Untersuchung des Fluchtwechsels nach Pirschzeichen erfolglos verlief. Auf die Erfahrung und Fährtensicherheit des Rüden vertrauend, versuchte ich, der Korona ihre Bedenken zu nehmen. Zugegebenermaßen war auch ich infolge des bisherigen Verlaufs der Nachsuche und insbesondere durch die unmittelbare Nähe zu einer stark befahrenen Fernverkehrsstraße etwas verunsichert. Noch während wir über die weitere Verfahrensweise diskutierten, stand plötzlich der völlig verausgabte BGS in unserer Mitte. Ein großer Stein fiel mir in diesem Moment vom Herzen, auch deshalb, weil in der Vergangenheit schon einer meiner Hunde während der Hatz dem Verkehr zum Opfer gefallen war. Allem Anschein nach schien der Widder nicht so schwer verletzt, um sich so ohne Weiteres zu Stande hetzen zu lassen.

Nach all dem Geschehenen war dem Unglücksschützen die tiefe Enttäuschung ins Gesicht geschrieben. Nur zu gut konnte ich mich in seine Lage versetzten. Eine Woche vergebliche Pirschgänge, einen Tag vor der Abreise das ersehnte Ziel zum Greifen nahe und dann diese nun scheinbar aussichtslose Nachsuche. Seine Gedanken lesend, klopfte ich ihm aufmunternd auf die Schulter und versicherte, die Suche fortzuführen. Zunächst ließ ich mich in den Bereich einweisen, wo er den Widder zuletzt gesehen hatte. Mit dem mittlerweile ausgeruhten BGS wollte ich mir einen Überblick darüber verschaffen, in welchen Revierteil der Widder geflüchtet war. Eik brauchte nicht lange, bis er aus mehreren parallel zum Hang laufenden Wechseln den vermeintlich richtigen herausfand. Da ich auf dem felsigen Untergrund weder Eingriffe noch andere Pirschzeichen fand, blieb mir nichts weiter übrig, als mich auf die Nase des erfahrenen Rüden zu verlassen. Nach ca. 400 Metern zog der Rüde im rechten Winkel hangabwärts, überquerte im Tal die Schienen einer Schmalspurbahn und strebte einem Buchenaltholzbestand des Nachbarreviers entgegen. Obwohl es für mich als bestätigter Schweißhundeführer kein Problem wäre, die Reviergrenze zu überschreiten, hielt ich es für angebracht, hier die Suche vorerst zu unterbrechen und Kontakt zur Korona aufzunehmen. Zuvor wollte ich mich aber nochmals vergewissern, ob wir uns auch tatsächlich auf der richtigen Fährte befinden. Zu diesem Zweck lasse ich den Hund weiterarbeiten, verlangsame mein Tempo und bleibe dann schließlich stehen. Wenn sich der Hund in diesem Moment zu mir umdreht und in den Schweißriemen beißt, gibt es für mich keinen Zweifel mehr. Fast beleidigt gab mir Eik auch diesmal durch die ihm eigene Gestik unmissverständlich zu verstehen, dass er die Fährte „seines" Widders arbeiten wollte.

Wieder am Anschuss, galt es nun über die weitere Verfahrensweise zu befinden und die Kräfte neu zu formieren. Die Suche sollte in zwei Stunden an der von mir markierten Stelle zum Nachbarrevier fortgeführt werden. In der Zwischenzeit fuhr ich nach Hause, um meine Nachsuchenbüchse mit einem Zielfernglas zu komplettieren. In Anbetracht des bisherigen Fluchtverhaltens des Widders und der scheinbar leichten Verletzung schien mir diese ungewöhnliche Aufrüstung geboten, um für ein nochmaliges Zusammentreffen auf größere Distanz besser gewappnet zu sein. Mit frischen Kräften und aufgerüstet legte ich Eik erneut zur Fährte. Ohne zu zögern verfiel der Rüde in seinen stoischen Arbeitsstil und zog uns einen Buchen-Altholzhang hinauf. Noch bevor wir das Plateau erreichten, verwies er vor einem Windwurfnest ein stecknadelgroßes Schweißtröpfchen. Motiviert durch dieses Pirschzeichen fiel es uns nun auch um einiges leichter, die letzten Meter des Steilhanges in Angriff zu nehmen. Oben angelangt, ließ die energische Arbeitsweise des Rüden vermuten, dass eine erneute Begegnung mit dem Widder kurz bevor stand. Und tatsächlich: In einem Eichenaltholz sahen wir den Gesuchten auf etwa 70 Metern spitz von uns wegziehen. Noch ehe ich mich zum Schuss fertig machen konnte, nahm er uns wahr und entschwand unseren Blicken. Jetzt kam die Stunde des nachgeführten Ben. Nach dem Schnallen wischte er energiegeladen an uns vorbei und nahm zielstrebig und fährtenlaut die Verfolgung auf. Die Hoffnung, nun endlich den ersehnten Standlaut zu hören, erfüllte sich auch diesmal nicht. Bereits nach kurzer Zeit verlor sich der Hetzlaut im nächsten Tal. Ohne uns lange mit der Frage zu beschäftigen, weshalb der relativ schnelle Hund den Widder nicht binden konnte, entschlossen wir uns kurzerhand, die Fluchtfährte mit Eik weiter auszuarbeiten. Als uns Eik mittlerweile an den Rand der „Zivilisation" geführt hatte, kam uns der total verausgabte Ben aus Richtung des unter uns liegenden Stadtrandes entgegen. Es war ihm offensichtlich nicht gelungen, den Widder zu Stande zu hetzen. Beide Hunde haben auf einer Vielzahl von Hatzen auf Rot- und Schwarzwild bewiesen, dass es ihnen nicht am nötigen Selbstvertrauen und einer wohldosierten Wildschärfe fehlt. Vermutlich waren beide Fehlhetzen der nicht lebensbedrohlichen Verletzung des Widders geschuldet. Instinktiv mussten die Hunde gespürt haben, dass sie unter diesen Umständen nicht ohne Unterstützung ihres „Rudels" zu Erfolg kommen können.

Diese nicht untypische Verhaltensweise ist speziell auch bei im Rudel jagenden Großraubwild zu beobachten.

In Anbetracht der beiden Fehlhetzen und der unmittelbaren Stadtnähe, entschied ich, die Riemenarbeit fortzusetzen in der Hoffnung, möglichst schnell aus dem sensiblen Bereich herauszukommen. Zu unserem Leidwesen bedeutete das, wieder einen Steilhang zu erklimmen. Nach 50 Metern hatte der Widder einen Wechsel angenommen, der parallel zu einem unter uns befindlichen Wanderweg verlief. Nach etwa 100 Metern glaubten wir, unserem Ziel greifbar nah zu sein. Zwischen den Bäumen sahen wir 50 Meter vor uns ein größeres Tier, das im ersten Augenblick wie der gesuchte Widder aussah. Es wäre zu schön gewesen. Aber zu unserem Erstaunen entpuppte sich der ersehnte Widder als ein brauner Labrador. Glücklicherweise ließ sich der Labi rechtzeitig von seinem auf dem Wanderweg befindlichen Herrchen abpfeifen, so dass wir die Suche ohne Probleme fortsetzen konnten. Nur auf die Wundfährte konzentriert, ignorierte Eik die taufrische Wittrungsnote des Labradors und führte uns nach weiteren 200 Metern an eine Felsrippe. Als ich im Begriff war, diese vorsichtig zu umgehen, stockte mir plötzlich der Atem. Von mir abgewandt stand der Widder etwa 70 Meter vor mir in der Felswand. Er sicherte angespannt in die Richtung des unter uns verlaufenden Wanderweges. Nur dieser Situation war es geschuldet, dass wir uns ganz schnell unbemerkt zurückziehen konnten. Schnell übergab ich Eik meinem Begleiter. Als ich mich gedeckt vorsichtig in Schussposition brachte, verharrte der Widder noch immer in derselben Position. Auf keinen Fall wollte ich mir diese Chance entgehen lassen und entschied mich auch unter diesen denkbar ungünstigen Umständen zum Schuss. Die rasante Flucht hangabwärts ließ keinen Zweifel aufkommen, dass die Kugel diesmal ihr Ziel gefunden hatte. Um auf Nummer sicher zu gehen, schnallte ich den mir am nächsten stehenden BGS. Das konnte sein Zwingergenosse nicht aushalten. Er befreite sich aus der Schweißhalsung und hetzte ihm hinterher. Schon bald hörten wir den ersehnten Standlaut.

Flankiert von beiden Hunden, wurde der Widder auf einem Felsvorsprung gestellt. Unter Wind gelang es mir, nahe genug an den Bail heranzukommen, um den finalen Fangschuss anzutragen. Am verendeten Widder angelangt, konnte ich deutlich wahrnehmen, dass Ben im Vergleich zu Eik den verendeten Widder respektvoll umkreiste und keine Fassversuche unternahm. Nach Inbesitznahme durch den inzwischen herbeigeorderten Schützen untersuchten wir den Wildkörper nach der ursächlichen Verletzung, die zu der langwierigen Nachsuche geführt hatte. Wir entdeckten einen glatten Durchschuss unterhalb der Wirbelsäule kurz vor dem Zwerchfell. Die Wirbelsäule sowie die Aorta waren nicht verletzt. Ob der Widder mit dieser Verletzung eine Überlebenschance gehabt hätte oder ihm ein längerer Leidensweg bevorstand, konnte auch ein im Nachhinein zu Rate gezogener Tierarzt nicht mit Sicherheit beantworten. Während wir den Widder auf einem Wanderweg versorgten, traten zwei neugierige Wanderer zu uns und lösten das Rätsel bezüglich der erfolglosen Hatz. Auf dem Weg zu einem Aussichtspunkt nahmen sie im Steilhang den vom Hund gestellten Widder wahr. Deutlich konnten sie beobachten, wie der Widder die ihn stellende Brandlbracke aus einer Abwehrhaltung massiv mit seinen Schnecken attackierte. Offensichtlich schmerzhaft getroffen, wand sich diese dann klagend vom Widder ab und entschwand ihren Blicken. Welche traumatischen Folgen dieses Ereignis auf den Hund hatte, zeigte sich zum Beispiel in der Form, dass er noch nach mehreren Wochen die auch mit Widdertrophäen bestückte Diele unseres Wohnhauses nur mit größter Ehrfurcht betrat. Auch nach zwei später erfolgreichen Totsuchen auf Widder, zeigte er sich am Stück eher zurückhaltend. Da er mittlerweile den Widdertrophäen keinerlei Beachtung mehr schenkt, ist davon auszugehen, dass er seine Phobie überwunden hat.

Rückblickend auf diese spektakuläre Nachsuche, muss ich zwangsläufig an die von einem älteren Nachsuchenführer geäußerte Lebensweisheit denken. Danach gäbe es drei Dinge im Leben, die nicht vorhersehbar seien: der Ausgang eines Krieges, der Zeitraum einer Ehe und der Ausgang einer Nachsuche. Recht hat er.

Jürgen Rosenkranz, 1957 in Aschersleben geboren, Diplomagraringenieur und Förster, führte Rauhaarteckel, Alpenländische Dachsbracken, Brandlbracken und Bayerische Gebirgsschweißhunde überwiegend im Ostharz

Nach etappenreicher Nachsuche endlich am Stück. Unverkennbar, die respektvolle Körperhaltung der Brandlbracke, infolge der Widderattacke.

Wenn nichts mehr geht …

Hellmut Schulze

„Wenn nichts mehr geht, dann Schulze"... Dies sind Worte von Wilhelm Puchmüller, ehemaliger Zuchtwart des Vereins Hirschmann und selbst passionierter Hundeführer. So auch am 5. August 1991. Der Anruf von Wilhelm Puchmüller kam gegen Mittag. Er schilderte mir folgende Sachlage: Im Deister, im Bereich der Klosterrevierförsterei Wülfinghausen, sei ein Hirsch beschossen worden und zwar der „Herkules", ein weit über die Grenzen hinaus bekannter, starker Rothirsch. Die Hirsche dort sind von Jugend an individuell bekannt und werden bis zum reifen Alter gehegt. Herkules stand bis dato mit zwei anderen Hirschen die Feistzeit über in den riesigen Rapsschlägen des Klostergutes. Nun wartete man darauf, dass die Hirsche in die Waldregion der Försterei zögen. Dieser starke Hirsch war für den Kammerpräsidenten avisiert. Die Freigabe des Hirsches war jedoch allgemein. Die Feldjagd war an einen Privatjäger verpachtet. Er hatte den Hirsch im Raps beschossen, der sich dort mit zwei anderen aufgehalten hatte. Nach Kontrolle des Anschusses und dem beschriebenen Zeichnen war sich Wilhelm Puchmüller sicher, dass es sich um einen Krellschuss handelte. Mit den eingesetzten Schweißhunden kamen sie nicht voran. Wilhelm bat mich inbrünstig zu kommen: „Der Hirsch wird nicht durch den Schuss verenden, aber die Maden werden ihn zu Tode quälen."

Ich machte mich auf den Weg. Für die Fahrt nahm ich nicht meinen Dienstgolf – bei 25 Grad Wärme wäre ich, da dieser keine Klimaanlage hatte, nach zwei Stunden mit einem ermatteten Hund angekommen –, sondern fuhr meinen Privatwagen. Gleich nach meinem Eintreffen gab es eine Lagebetrachtung. Der Auswechsel der Hirsche aus dem Raps in einen riesigen Zuckerrübenschlag war augenscheinlich. Der richtige Punkt, um meine Hündin „Nana" anzusetzen. Es gab keinen Schweiß, und auch die Fährten verloren sich irgendwann in den Rüben. Die Hündin mühte sich durch den Schlag, und wir erreichten einen hügeligen Wald. Hier zeichneten sich auch keine Spuren mehr von den vorherigen Gespannen ab. Nun ging es Kilometer um Kilometer weiter. Hin und wieder konnten wir im Waldboden die Fährten der drei Hirsche erkennen. Der beschossene Hirsch hatte sich offensichtlich noch nicht von seinen beiden Gefährten getrennt. Die Hitze machte mir Sorgen. Ich dachte an die Gefährdung der Hündin bei einer Hetze, vertraute aber auf ihre gute Kondition durch die tägliche Arbeit. Nach etwa vier bis fünf Kilometern kamen wir an die Hirsche. Ich schnallte Nana, die Hetze ging ab, und der Laut verhallte bald hinter den umliegenden Hügeln. Wir eilten auf die nächste Erhebung. Hier konnten wir mit dem Wagnerschen Richtfunkgerät die Richtung des Hundes peilen. Nun ging es im

Laufschritt vorwärts. Endlich vernahmen wir den Standlaut des Hundes. Gegen den Wind gingen wir den Bail an. In einer Baumgruppe stellte der Hund den starken Hirsch. Der Hirsch quittierte den Fangschuss und verendete nach wenigen Fluchten. Es war der Hündin gelungen, den kranken Hirsch von den anderen zwei zu trennen und zu stellen. Aus den in der Schusswunde abgelegten Fliegeneiern waren bereits Maden geschlüpft! Durch den Deister eilte anschließend die Nachricht: „Der Schulze hat den Herkules erschossen." Der Schütze und vor allem auch Wilhelm Puchmüller freuten sich sehr und Letzterer folgerte zufrieden: „Alles richtig gemacht!"

Für solche Leistungen eines Nachsuchenhundes sind verschiedene Voraussetzungen notwendig. Es ist der fast tägliche Einsatz des Hundes von Jugend an, der den Profi macht. Ich habe bei allen meinen Hunden bemerkt, dass ich einen wirklichen „Schweißhund" habe, wenn er in den ersten zwei Lebensjahren einhundert bis einhundertfünfzig erfolgreiche Nachsuchen hatte. Die andere Voraussetzung ist der Hundeführer. Er muss gelernt haben, die Körpersprache seines Hundes zu lesen. Zudem kann er nicht erfolgreich arbeiten ohne eine große Toleranz vonseiten des persönlichen Umfelds. Viele Unternehmungen musste die Familie ohne mich wahrnehmen, viele gemeinsame Termine wurden in Eile oder verspätet erreicht. Das war für sie nicht immer leicht und für mich auch nicht. Toleranz ist auch seitens des Dienstherrn notwendig. Ich konnte jederzeit losfahren, egal ob die Suchen bei uns in den Landesforsten anfielen oder bei Privatjägern. Voraussetzung war natürlich, dass die Arbeiten in der Försterei reibungslos liefen. Deshalb kümmerte ich mich häufig morgens früh und abends noch sehr spät um dienstliche Angelegenheiten. Es kam auch schon mal zu Diskussionen mit der Leitung, aber es ließ sich alles regeln. Einen meiner Amtsleiter konnte ich zu jeder Zeit anrufen und um Hilfe bei einer Suche bitten, wenn ich mal den Kontakt zu meinem hetzenden Hund verloren hatte. Er hatte das gleiche Peilgerät wie ich. Auf diese Art konnten wir ein weit größeres Gebiet absuchen, und so manches Mal hat er den stellenden Hund gefunden. 1989 suchte ich meinen Rüden „Dietl“ drei Tage und drei Nächte. Es war eine qualvolle Zeit. Durch intensiven Einsatz am Boden und aus der Luft fanden wir ihn am Abend des dritten Tages. Ich hatte ihn an einem Alttier mit Vorderlaufschuss geschnallt. Durch die stark befahrene ICE-Strecke war es nicht möglich, dem Fährtenlaut zu folgen. Der Lärm der Züge nahm uns jede Chance. Dietl hatte das Stück etwa sechs Kilometer vom Ort des Schnallens gestellt. Er hatte es abgetan und wartete auf sein Herrchen. Es waren qualvolle Tage und Nächte für die ganze Familie. Da habe ich mir gesagt, du hörst mit dem Nachsuchen auf, es sei denn, es gibt eine Möglichkeit, den Hund sicher zu orten. Ich hatte gehört, dass ein Herr Wagner aus Köln für die Beizvögel der Falkner einen Empfänger und Richtantenne zum Auffinden entwickelt hatte. Nach Kontakten mit ihm gelang es, einen brauchbaren Empfänger mit Richtantenne und ein Sendehalsband für den Hund zu konzipieren. Das war eine große Erleichterung und hat mich oft zum Hund geführt. Stundenlanges, raumgreifendes Kreisen bis zum Hören des Standlautes blieb mir so erspart.

Heute gibt es das Garmin-Peilgerät, und man macht keinen Schritt mehr ohne. Die Zahl der Suchen, die ich seitdem manchmal an einem Tag mache, wären ohne das schnelle Auffinden des Hundes nach einer langen Hetze nicht möglich. Die gute Leistung meiner Hunde, die ständige Bereitschaft und die daraus resultierende Erfahrung des Führers sprachen sich herum und so häuften sich die Anforderungen. So kam es, dass ich jährlich um die zweihundert erfolgreiche Nachsuchen mache. Die Zahlen schwanken etwas, je nach den Jahresstrecken. Zweimal wurde ich vom Verein Hirschmann zur Internationalen Verbandsschweißprüfung gemeldet. Dies ist die Dachorganisation für den Verein Hirschmann, den Club für Bayrische Gebirgsschweißhunde sowie für den Österreichischen, Ungarischen und Schweizer Schweißhund Club. Für jedes Land werden für die Hauptprüfung zwei Hunde gemeldet. Mein erster Einsatz war in Hessen. Die Sababurg war das Standquartier. Die Hessischen Landesforsten hatten hervorragende Jagden organisiert. Es waren genügend Nachsuchen für die Prüfungshunde vorhanden. Mein Rüde „Barth vom Tannegg“ wurde am späten Nachmittag zu einer Suche auf ein Stück Rotwild gerufen. Dieses war bis dahin vergeblich von einem österreichischen Kollegen gesucht worden. Vom Wetter und Boden her waren die Bedingungen schwer. Der Rüde kämpfte sich durch, und nach zwei Kilometern standen wir am Stück. Es war eine beachtliche Leistung des Hundes und wurde entsprechend bewertet. Mein zweiter Einsatz bei der Internationalen Prüfung fand in Schleswig-Holstein statt. Wieder waren die zwei leistungsstärksten Hunde der genannten Länder im Einsatz. Ich war mit meinem Rüden „Dietl vom Reihertal“ vertreten. Es waren nach Jagden in den Landesforsten und in Privatrevieren reichlich Nachsuchen gemeldet. Wiederum wurde ich zu einer Suche auf einen Rothirsch gerufen, den bis mittags ein ungarischer Kollege vergeblich gesucht hatte.

Mit Dietl kam ich nach mehreren Kilometern an den Hirsch, der hochflüchtig vor uns abging. Ich schnallte Dietl, und er hetzte fährtenlaut den Hirsch. Wir folgten im Sauseschritt dem Laut, der schnell in der Ferne leiser wurde. Plötzlich fiel ein Schuss, und der Laut verstummte. Ich kann gar nicht beschreiben, wie mir zumute war. Doch schließlich vernahmen wir bei unserem Vorwärtseilen wieder Hetzlaut. Ich atmete tief durch: „Gott sei Dank, mein Hund lebt.“ Wir kamen an einen Hochsitz, auf dem ein Förster saß – dieser hatte den Hirsch auf der Flucht beschossen. Er hatte ihn gefehlt und glücklicherweise meinen Hund auch. Den Kollegen von diesem Sitz holte sich danach der Chef der Landesforsten zu sich. Ich möchte nicht wissen, was da gesprochen wurde! Der Hirsch wurde durch den

Schuss noch einmal richtig in Schwung gebracht. Dietl ließ aber nicht locker und stellte nach weiteren Kilometern den Hirsch, dem ich dann den Fangschuss antragen konnte. Es zeigte sich, dass er einen Muskelschuss am linken Vorderlauf hatte. Mit dieser Suche wurden wir Prüfungssieger. Mit meinen zwölf Hunden in bisher fünfzig Jahren habe ich 7.100 erfolgreiche Nachsuchen mit 3.800 Hetzen absolviert. Mein Beweggrund war von früher Jugend an, den Tieren Qualen zu ersparen. Das ist mir gelungen, und daran werde ich weiterhin arbeiten. Auch der volkswirtschaftliche Ertrag der Nachsuchen, die Rettung von circa 385.000 Kilogramm Wildbret, ist nennenswert.

Hellmut Schulze, Jahrgang 1943, Einsatzgebiet nördliches und südliches Niedersachsen mit unterdessen dem 14. und 15. Hannoverschen Schweißhund

Ein schwerer Fall

Mathias Weber

Als im April 2009 bei meinem Bruder Christoph in Neustrelitz der zweite Wurf aus seiner Hündin „Alessa von der Großjungs-Höh“ und „Alp Gelbensande-Mecklenburg“ fiel, stand natürlich bereits im Vorfeld wieder die Frage im Raum, ob ich einen Welpen nehmen würde. Der Wunsch bestand schon lange, ich begleitete bereits seit vielen Jahren diverse Nachsuchen bei verschiedenen Führern. Doch die beruflichen Weichen waren noch nicht so richtig gestellt und mein zweitältester Sohn gerade mal 2 Monate alt. So sagte ich erst einmal schweren Herzens ab. Bei einem Welpenbesuch zu Ostern 2009 in Neustrelitz stellten mein Bruder und ich bei einer der kleinen Hündinnen eine Hasenscharte fest, auch die oberen Schneidezähne waren verschoben und somit eine Operation absehbar. Der vorgesehene neue Besitzer sagte daraufhin die Übernahme des

Welpen ab. Die Hündin geriet jetzt seitens des Vereins so ein bisschen aufs Abstellgleis, man überlegte, sie zu einem älteren Hundeführer aufs Altenteil zu schieben. Somit kam erneut die Frage hoch, ob ich nicht doch den Welpen übernehmen würde. Es kam wie es kommen musste, Luna zog im Juni 2009 bei uns ein, wuchs gemeinsam mit den Kindern auf und entwickelte sich prächtig. Alles weitere ist schnell erzählt. Ich beantragte die Mitgliedschaft im Verein Hirschmann, besuchte den Schweißhundeführerlehrgang im Solling (bereits mit Luna) und im Anschluss gleich noch das Vorbereitungsseminar im Spessart. Im Juli 2010 legte Luna eine hervorragende Vorprüfung in Hasselfelde/Harz ab und wurde Prüfungssieger. Nun konnte das Nachsuchenführer-Leben so richtig losgehen und dank Lunas extremem Fährtenwillen machten wir uns schon bald in der Umgebung einen guten Namen.

Das Jahr 2016 neigte sich dem Ende entgegen, Weihnachten lag bereits mit einigen ruhigen Tagen im Kreise der Familie hinter uns, und es sollten eigentlich noch ein paar weitere folgen. Das Nachsuchen-Jahr lief für uns außerordentlich erfolgreich, etliche teils schwierige Suchen standen zu Buche, Luna befand sich in der Blüte ihres Schweißhunde-Daseins. Am 28. Dezember stand in unmittelbarer Umgebung eine große revierübergreifende Drückjagd mehrerer Privatreviere an. Ich hatte uns lediglich für eventuell anstehende Nachsuchen angemeldet, die Familie stand an diesen Tagen im Vordergrund. Ich fand mich also bei leicht frostigem Wetter mit Luna mittags am Streckenplatz in einem der Reviere ein, und schon bald begannen wir mit der ersten Nachsuche auf eine vermeintlich weichgeschossene, stärkere Sau. Diese Arbeit stellte meine Hündin vor keine großen Herausforderungen, bereits nach 250 Metern sammelten wir das verendete Stück ein. Wir hatten die 60-kg-Überläuferbache gerade am Streckenplatz abgeliefert, als das Telefon klingelte und ein guter Bekannter aus einem der anderen Reviere unsere Hilfe bei mehreren unklaren Anschüssen erbat. Also schnell alles zusammengepackt und in das nächste Revier umgesetzt. Die erste Arbeit war als Kontrolle gemeldet und blieb auch eine. Die zweite Arbeit in diesem Revier war ebenfalls als Kontrollsuche auf einen Frischling gemeldet. Ich schickte Luna im Bereich des vermeintlichen Anschusses zur Vorsuche, und sie konnte mir einige Meter von der Markierung entfernt etwas Schweiß und Wildbretteilchen verweisen. Die Suche war also scharf. Nach etwa 800 Metern gelangten wir ohne nennenswerte Schwierigkeiten an den bereits verendeten Frischling mit einem Schuss mittendrauf.

Eine weitere Nachsuche auf eine stärkere Sau mit einem Keulenschuss spitz von hinten wurde noch am späten Nachmittag von einem anderen Gespann begonnen. Aufgrund der einsetzenden Dunkelheit musste diese Suche nach rund 1.000 Metern Riemenarbeit unterbrochen werden. Bei der abendlichen Besprechung im Kreise der Hundeführer stellte sich heraus, dass diese Fährte vom ersten Gespann am nächsten Tag durch anderweitige Termine nicht fortgeführt werden konnte. Ich ließ mich noch am Abend vom Kollegen auf dem Gestellweg, wo die Suche vor einer Buchenverjüngung abgebrochen wurde, einweisen. Die Schweißbestätigung, am Anfang der Suche noch reichlich auf der Einschussseite vorhanden, hatte bis hierhin bereits deutlich abgenommen. Wir vermuteten einen Steckschuss auf der linken Keule. Am nächsten Morgen traf ich mich mit zwei guten Bekannten, beide ebenfalls erfahrene Hundeführer, um die Nachsuche auf den vermeintlichen Keiler fortzuführen. Das Wetter hatte sich glücklicherweise gehalten, es war kalt und feucht, wir hatten um die Null Grad. Ich ließ Luna einige Hundert Meter vor dem Weg mit der markierten Abbruchstelle vom Vorabend vorsuchen und die Fährte selber finden. Sie verwies diese eindrucksvoll, und los ging die Reise in gewohnt zügigem Tempo. Der Weg mit der letzten Markierung war schnell erreicht und im Anschluss die Verjüngung mit reichlich Brombeerunterwuchs durchquert. Die inzwischen 22 Stunden alte Fährte, mit nur noch gelegentlich abgestreifter Bestätigung, führte uns durch verschiedenste Waldkomplexe und bald war die Grenze des Privatreviers erreicht. Die Hündin arbeitete mit bestechender Sicherheit. Weiter ging es auf der Seite der Landesforsten, zum Glück kein Problem mit den Regelungen in Sachsen-Anhalt als bestätigter Schweißhundeführer. Unser Förster wurde natürlich trotzdem informiert. Leider wurde so allmählich auch die Richtung unserer Nachsuche klar, wir näherten uns dem Steinbruch in Bodendorf. Schon des Öfteren endeten Krankfährten in diesem Bereich, das kranke Wild sucht gezielt diesen letzten Rückzugsort, in dem es Wasser, Ruhe und genügend Deckung vorfindet. Allerdings hatte ich mich zuvor noch nie von dieser Seite dem Steinbruch genähert und kannte die Örtlichkeiten nicht.

Wir überquerten nach etwa 4,5 Kilometern Riemenarbeit eine Wiese und anschließend ging es 100 Meter einen Hang hinauf. Oben angekommen, erwartete uns eine geschlossene Brombeerfläche von vielleicht 100 × 100 Metern, jetzt wurde es interessant. Thomas, gleichfalls bestätigter Schweißhundeführer, blieb mit Waffe am Einwechsel des Brombeerdickichts für den Fall eines Rückwechselns der kranken Sau stehen. Luna, mein zweiter Begleiter „Klappi“ und ich arbeiteten uns mühsam weiter durch dieses unwegsame Gelände. Wir waren noch gar nicht allzu weit gekommen, als Luna unmissverständlich anzeigte, dass das kranke Stück unmittelbar vor uns sein musste. Starr wie ein Vorstehhund verharren, Schulterblick, Augenkontakt mit mir herstellen und dabei nur mit der Rutenspitze wedeln, anschließend wieder ein starrer Blick in die Richtung des für mich unsichtbaren, kranken Stückes. Oft konnte ich in der Vergangenheit dem kranken Wild durch dieses absolut gezielte Anzeigen den Fangschuss noch im Wundbett antragen. Nicht so bei dieser Suche, keine Chance, den kranken Keiler in diesem Dickicht auszumachen, eine

Hetze musste das Leiden beenden. Ich befreite Luna vom Brustgeschirr, gab ihr einen Klaps auf die Keule und schickte sie wie immer mit den Worten: „Komm heile wieder!“ in die Ungewissheit einer Hatz. Zunächst still, dann fährtenlaut entschwand sie unseren Blicken, kurz darauf hoben sich in einiger Entfernung die Brombeeren an, und die Sau verließ für uns unsichtbar den näheren Bereich vor uns. Schon ging der Fährtenlaut in giftigen Hetzlaut über und nach wenigen Minuten ertönte der tiefe Standlaut. Was für ein Glücksgefühl, bedeutete es doch in aller Regel das baldige Ende einer Nachsuche und das Erlösen des kranken Wildes. Klappi und ich kämpften uns so schnell es ging aus den Brombeeren heraus, Thomas konnte den Bereich umschlagen und sah bereits eher, was uns nun erwartete. Zwischen uns und der beharrlich stellenden Hündin befand sich noch eine Kreisstraße, dahinter sofort der erste Zaun, welcher das Gelände des Steinbruchs gegen Betreten sichert. Auf dem Zaun Stacheldraht, anschließend eine ansteigende Böschung mit in Dickbusch eingewachsenen Schildern, versehen mit der Aufschrift: „Betreten verboten, Lebensgefahr!“, oben auf der Böschung der nächste Zaun und wiederum dahinter meine lautgebende Luna. Na großartig!

Irgendwo hatten die Sauen und sicherlich auch anderes Wild ihre Löcher im Zaun, aber erstmal finden! Das erste Loch war bald entdeckt, Thomas und Klappi halfen mir beim Durchschlüpfen, und ich näherte mich so vorsichtig es ging dem Standlaut. Oben auf der Böschung am zweiten Zaun angekommen, war auf die Schnelle kein weiteres Loch zu finden. Verdammt, es musste von meinem Standpunkt aus gehen. Luna stellte unmittelbar hinter dem Zaun auf kurze Distanz den in einer schwarzen „Endröhre“ sitzenden Keiler spitz von vorn. Er war auch nur aus der Perspektive des Hundes überhaupt zu sehen. Nahezu neben meiner Hündin musste ich die Waffe bzw. nur die Mündung durch den Zaun schieben und konnte kniend den Fangschuss ziemlich leidlich auf den Stich des Stückes anbringen. Ich war mir sicher, gut abgekommen zu sein. Auf den Schuss hin rutschte der Keiler aus seinem Verhau die Böschungskante hinunter und Luna sprang natürlich sofort ein. Hinter dem Zaun wieder nur Dickbusch, nichts zu sehen, Sau weg, Hund weg. Aber das Ungewöhnlichste war die totale Stille, kein Bellen, kein Knurren, kein Kampfgetümmel, kein Zauseln, kein Rupfen, absolut gar nichts war zu hören … Ein Blick auf das Garmin zeigte Luna 30 Meter vor mir. Ich verständigte meine beiden Begleiter hinter mir auf der Straße und suchte so schnell es ging das Loch im zweiten Zaun. Nach einer gefühlten Ewigkeit fand ich eine Lücke, krabbelte drunter durch und kämpfte mich durch das Dickicht zu der Stelle, an der die kranke Sau den Fangschuss erhalten hatte. Von dort aus ging es weiter in die angezeigte Richtung auf dem Garmin, immer noch 30 Meter. Ich erreichte kriechend ein etwa 3 Meter breites Plateau oberhalb des Steinbruches, konnte mich aufrichten und hatte endlich wieder mehr Sicht. Weder vom Hund noch vom Keiler irgendetwas zu sehen.

Erneuter Blick aufs Garmin, Luna 30 Meter vor mir. Sofort kam Panik auf. Vor mir war nur ein großes Loch, ich blickte von oben in das riesige Gelände des Steinbruches. Der nächste Blick ging von der Abbruchkante fast 30 Meter gerade nach unten. Die schlimmste Befürchtung bestätigte sich: Unten am Fuß lag meine Luna. Keine Sekunde mehr an den Keiler denkend, legte ich meine Waffe und das Garmin ab, kniete an der Kante und rief nach ihr. Tatsächlich: Sie hob den Kopf und blickte nach oben zu mir. Sie lebte! Panisch brüllte ich: „Luna ist abgestürzt, aber sie lebt.“ Meine Gedanken rasten im Kopf wild durcheinander. Wie konnte ich ihr bloß am schnellsten helfen? Wie komme ich da runter? Ich stand auf und drehte mich um, wollte meine Kameraden zu Hilfe rufen, und plötzlich war ER wieder da. Ohne zuvor irgendein Geräusch gehört zu haben, tauchte der Keiler wie aus dem Nichts wieder auf und nahm mich sofort an. Ich angelte nach meiner am Boden liegenden Waffe und wehrte mit dem

Lauf den ersten Angriff ab. Es gab ein wildes Gerangel, und ich schaffte es eine gefühlte Ewigkeit nicht, eine neue Patrone in die Kammer meiner Waffe zu repetieren, eigentlich eine Sache von Bruchteilen bei der Blaser R8 … Schließlich konnte ich den Keiler mit dem Lauf an mir vorbei „lancieren", repetierte und trug den den entscheidenden Treffer mehr oder weniger aufgesetzt auf den breitstehenden Keiler an, der ihn augenblicklich verenden ließ. Später stellte sich heraus, dass es sich um einen zweijährigen Keiler mit aufgebrochen 66 Kilogramm handelte. Erst jetzt registrierte ich, dass sich das eben Erlebte ebenfalls an der Abbruchkante abspielte und die eh schon weichen Knie wurden noch weicher. Ich rief so laut ich konnte nach meinen beiden Begleitern und teilte ihnen mit, was geschehen war. Auf der Straße hielt ein Caddy bei Thomas und Klappi und erkundigte sich nach dem Beweggrund für den Aufenthalt vor dem Steinbruchgelände. Was für ein absoluter Zufall und was für ein Glück zugleich, es war ein Mitarbeiter und er hatte einen Schlüssel für das Firmengelände, wo zwischen Weihnachten und Neujahr keiner arbeitete. Er bot sofort seine Hilfe an, als er erfuhr, was geschehen war und fuhr mit Klappi die Serpentinen des Steinbruches hinunter zu Luna. Vorsichtig verluden die beiden die schwerverletzte und apathische Hündin in das Auto. Ich kämpfte mich zurück auf die Straße und gemeinsam (unsere Autos standen ja fünf Kilometer weit weg) ging es weiter zum nächstgelegenen Tierarzt. Schon jetzt stand fest, Luna hatte nur überlebt, weil sie nicht auf hartem Boden aufgeschlagen war, sondern auf einem aufgeschütteten und feinkörnigen „Grus-Wall".

Die Untersuchung beim ersten Tierarzt war sehr ernüchternd. Obwohl äußerlich bis auf einige Abschürfungen nichts zu sehen war, konnte er uns auf Grund der vermutlich schweren inneren Verletzungen leider nicht weiterhelfen. Er spritzte ein starkes Schmerz- und Beruhigungsmittel und wir fuhren gleich weiter nach Oschersleben zu unserem guten Bekannten und Haustierarzt Dr. Hendrik Meyer.

Hier wurde Luna sofort geröntgt und anschließend ein Ultraschall gemacht. Die gute Nachricht von Hendrik: „Keine inneren Verletzungen." Aber die nächste Hiobsbotschaft folgte mit den Worten: „Trümmerbruch Oberschenkelhalsknochen. Komplizierter könnte der Bruch nicht sein." Mit seinen zur Verfügung stehenden Mitteln schätzte er es als nicht operabel ein. Wenn noch einer eventuell helfen könnte, dann sein Kollege und Freund Dr. Ramme, der in einer privaten Tierklinik in Hannover als Chirurg arbeitet. Einen Anruf später befanden wir uns schon auf dem Weg nach Hannover. Am späten Nachmittag wurde Luna sofort weiter untersucht und versorgt. Die Operation wurde für den nächsten Morgen angesetzt, der notwendige Aufenthalt von Luna mit mindestens zehn Tagen avisiert. Nachdem alle Formalitäten erledigt waren, fuhren wir schweren Herzens zurück nach Hause. Es gab reichlich Gesprächsstoff. Keiner konnte sich erklären, wie es sich tatsächlich abgespielt hatte. Unverständlich, das der Keiler nach dem tödlichen Schuss auf den Stich noch am Leben und nicht abgestürzt war. Am späten Abend erwartete mich im Wohnzimmer meine Familie mit einem Blick, den nur diejenigen verstehen können, die es selbst schon mal erlebt haben. Nach einer Nachsuche ohne den Hund, das Familienmitglied, nach Hause zu kommen … Viel schlimmer geht es nicht. Glücklicherweise hatte ich meine Frau von unterwegs schon „vorgewarnt". Die Operation am nächsten Tag durch Dr. Ramme verlief gut, das „Knochen-Puzzle" wurde mit diversen Schrauben und Platten wieder zusammengesetzt. Er konnte sogar den Gelenkkopf wieder mit anschrauben, was ihm sehr wichtig war, um die Funktion des Laufes wieder möglichst uneingeschränkt herzustellen. Luna ging es den Umständen entsprechend gut, und sie war munter. Ich erbat mir eine regelmäßige Zwischeninfo und gelegentlich mal ein Foto von Luna, um mir selbst ein Bild machen zu können.

Die nächsten Tage verliefen positiv, Luna fraß und konnte kleinere Runden auf drei Läufen absolvieren. Alles sah nach einem glücklichen Verlauf aus. Der Entlassungstag nach zehn Tagen Klinikaufenthalt war bereits greifbar, als mich die nächste niederschmetternde Nachricht erreichte. Eine abschließende Untersuchung und das Röntgenbild hatten ergeben, dass die Verschraubung des Gelenkkopfes nicht gehalten hat. Luna musste erneut operiert und der Kopf entfernt werden. Die Erfahrung zeige aber, dass der Körper in der Lage ist, den fehlenden Gelenkkopf mit Gewebe und Muskulatur zu ersetzen. Auch die zweite Operation verlief zunächst erfolgreich. Allerdings stellte sich heraus, dass die Wunde durch die ebenfalls zerschmetterte Muskulatur nicht mehr genäht werden konnte, sondern von innen nach außen zuwachsen und verheilen musste. Leider verschlechterte sich der Zustand von Luna an den darauffolgenden Tagen, sie wollte nichts mehr fressen, und die Blutwerte waren besorgniserregend. Letzte Idee – Kinder ins Auto, frisches Rindergulasch gekauft und ab nach Hannover in der Hoffnung, die verbliebenen Lebensgeister zu wecken. Von diesem Tag an fuhr ich regelmäßig mit den Kindern oder allein nach Hannover, immer frisches Gulasch oder Portionsbeutel mit Pansen dabei, und siehe da, es ging wieder bergauf. Nur den kaputten Lauf wollte sie trotz aller Bemühungen weiterhin nicht aufsetzen. Nach insgesamt sechs Wochen Klinikaufenthalt (und Investitionen in der Größenordnung eines Kleinwagens) konnte ich Luna endlich wieder zur großen Freude der ganzen Familie nach Hause holen. Die zum Teil immer noch offene Wunde musste natürlich weiterhin täglich versorgt werden und zwei Mal pro Woche standen Physiotherapie-Termine in Hannover an. Meine Kinder kümmerten sich in dieser Zeit besonders rührend um unsere Luna.

Während der gesamten Zeit erfuhr ich durch meine Familie, Freunde, Nachbarn, Hundeführer und Jäger, den Verein Hirschmann sowie den Revierinhaber eine sehr große Wertschätzung, außerdem emotionale und auch beträchtliche finanzielle Unterstützung, wofür ich bis heute überaus dankbar bin. Im März des folgenden Jahres wurde ich zu einer Nachsuche auf einen am Abend zuvor beschossenen starken Frischling nach Emden gerufen, vermutlich ein Weidwundschuss. Die Anschusskontrolle bestätigte die Vermutung, und Luna wurde zum ersten Mal seit dem Unfall wieder zur Fährte gelegt. Ich war gespannt, wie sie sich wohl verhalten würde. Zur Sicherheit wurde für den Fall einer eventuellen Hetze ein zweiter Hund nachgeführt. Es war eine Augenweide, die Hündin in gewohnter Manier arbeiten zu sehen, nur den Lauf setzte sie auch hier nicht auf. Nach etwa 1.000 Metern kamen wir an den bereits verendeten Frischling, und auch Luna war die Begeisterung buchstäblich ins Gesicht geschrieben. Als im Juni der kleine, freche Schweißhundwelpe „Söllmann" bei uns einzog, wurde der Genesungsprozess nochmal deutlich beschleunigt, und Luna mächtig auf Trapp gehalten. Eine große Überraschung gab es, als nach einem Dreivierteljahr die eingesetzten Schrauben und Platten wieder entfernt wurden, und Luna bereits am nächsten Tag den Lauf wieder mit aufsetzte. Scheinbar hat doch irgendwas gestört. Leider musste sie sich im Laufe ihres weiteren Lebens noch zwei größeren Operationen unterziehen, bösartige Tumore machten dies erforderlich. Aber auch das hat sie gemeistert. In den folgenden Jahren hatte ich noch viele unvergessliche Erlebnisse mit ihr und absolvierte noch viele erschwerte Nachsuchen erfolgreich mit dieser großartigen Hündin. Zum absoluten Höhepunkt im Leben von Luna zählt für mich nach dieser schweren Verletzung auch die im August 2018 bestandene Hauptprüfung. Diesen Stern hatte sie sich mehr als verdient. Ich bin dankbar, dass ich diese tolle Hündin führen durfte, war sie es doch, die mir das meiste erst beigebracht hat.

Mathias Weber, geboren 1976 in Neustrelitz, lebt seit 2004 in Hödingen (Sachsen-Anhalt) und macht Nachsuchen mit Hannoverschem Schweißhund in seinem Umfeld

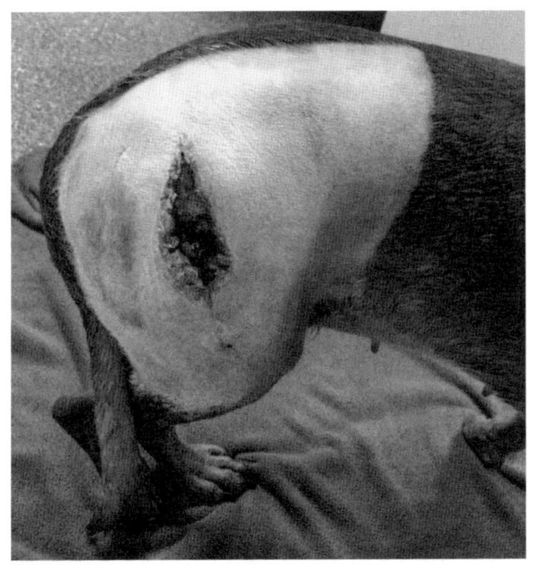

Nach der zweiten Operation konnte die Wunde nicht mehr genäht werden.

Die erste Nachsuche nach der OP galt einem Frischling.

Bildnachweis

Alle Fotos im Innenteil des Buches wurden dem Verlag vom Autor der jeweiligen Geschichte zur Verfügung gestellt.

Impressum

Umschlaggestaltung von Büro Jorge Schmidt unter Verwendung von 2 Farbfotos von Michael Stadtfeld (Cover) und Karl-Heinz Volkmar (Rückseite)

Mit 32 Fotos

Unser gesamtes Programm finden Sie unter **kosmos.de**.
Über Neuigkeiten informieren Sie regelmäßig unsere Newsletter, einfach anmelden unter **kosmos.de/newsletter**.

Gedruckt auf chlorfrei gebleichtem Papier

ISBN 978-3-440-18029-7
Projektleitung und Redaktion: Markus Lück
Gestaltung und Satz: Michael Grätzbach
Produktion: Vanessa Frömmig
Druck und Bindung: Friedrich Pustet GmbH & Co. KG, Regensburg
Printed in Germany/Imprimé en Allemagen